云计算工程师系列

Web 服务器群集

主编 肖睿 翟慧 郭峰

中国水利水电出版社
www.waterpub.com.cn
·北京·

内 容 提 要

本书针对具备 Linux 基础的人群，主要介绍了 Web 服务器群集的相关知识与技能，以深入浅出的实战项目案例，使读者能够快速掌握 Linux 企业级应用。项目案例都是企业中常用技能的组合，例如，Apache 日志管理与日志分割、Apache 网页优化、实现防盗链、Nginx+Apache 动静分离、Nginx+Tomcat 群集、Nginx+Tomcat 动静分离、LVS+Keepalived 群集、Haproxy 搭建 Web 群集、Haproxy 高可用。

本书通过通俗易懂的原理及深入浅出的案例，并配以完善的学习资源和支持服务，为读者带来全方位的学习体验，包括视频教程、案例素材下载、学习交流社区、讨论组等终身学习内容，更多技术支持请访问课工场 www.kgc.cn。

图书在版编目（CIP）数据

Web服务器群集 / 肖睿，翟慧，郭峰主编. -- 北京 : 中国水利水电出版社，2017.6（2024.3 重印）
（云计算工程师系列）
ISBN 978-7-5170-5387-3

Ⅰ. ①W… Ⅱ. ①肖… ②翟… ③郭… Ⅲ. ①网络服务器－应用软件－程序设计 Ⅳ. ①TP393.09

中国版本图书馆CIP数据核字(2017)第099107号

策划编辑：石永峰　　责任编辑：张玉玲　　封面设计：梁　燕

书　名	云计算工程师系列 Web服务器群集 Web FUWUQI QUNJI
作　者	主编　肖睿　翟慧　郭峰
出版发行	中国水利水电出版社 （北京市海淀区玉渊潭南路 1 号 D 座 100038） 网　址：www.waterpub.com.cn E-mail：mchannel@263.net（答疑） sales@mwr.gov.cn 电　话：（010）68545888（营销中心）、82562819（组稿）
经　售	北京科水图书销售有限公司 电话：（010）68545874、63202643 全国各地新华书店和相关出版物销售网点
排　版	北京万水电子信息有限公司
印　刷	三河市德贤弘印务有限公司
规　格	184mm×260mm　16 开本　13.5 印张　289 千字
版　次	2017 年 6 月第 1 版　2024 年 3 月第 4 次印刷
印　数	7001—8000 册
定　价	39.00 元

丛书编委会

前　言

进入“互联网 + 人工智能”时代，新技术的发展可谓是一日千里，云计算、大数据、物联网、区块链、虚拟现实、机器学习、深度学习等等，已经形成一波新的科技浪潮。以云计算为例，国内云计算市场的蛋糕正变得越来越诱人，以下列举了 2016 年以来该领域发生的部分大事。

1．中国联通发布云计算策略，并同步发起成立“中国联通沃云 + 云生态联盟”，全面开启云服务新时代。

2．内蒙古自治区斥资 500 亿元欲打造亚洲最大云计算数据中心。

3．腾讯云升级为平台级战略，旨在探索云上生态，实现全面开放，构建可信赖的云生态体系。

4．百度正式发布“云计算 + 大数据 + 人工智能”三位一体的云战略。

5．亚马逊 AWS 和北京光环新网科技股份有限公司联合宣布：由光环新网负责运营的 AWS 中国（北京）区域在中国正式商用。

6. 来自 Forrester 的报告认为，AWS 和 OpenStack 是公有云和私有云事实上的标准。

7．网易正式推出“网易云”。网易将先行投入数十亿人民币，发力云计算领域。

8．金山云重磅发布“大米”云主机，这是一款专为创业者而生的性能王云主机，采用自建 11 线 BGP 全覆盖以及 VPC 私有网络，全方位保障数据安全。

DT 时代，企业对传统 IT 架构的需求减弱，不少传统 IT 企业的技术人员将面临失业风险。全球最知名的职业社交平台 LinkedIn 发布报告称，最受雇主青睐的十大职业技能中“云计算”名列前茅。2016 年，中国企业云服务整体市场规模超 500 亿元，预计未来几年仍将保持约 30% 的年复合增长率。未来 5 年，整个社会对云计算人才的需求缺口将高达 130 万。从传统的 IT 工程师转型为云计算与大数据专家，已经成为一种趋势。

基于云计算这样的大环境，课工场（kgc.cn）的教研团队几年前就开始策划的“云计算工程师系列”教材应运而生，它旨在帮助读者朋友快速成长为符合企业需求的、优秀的云计算工程师。这套教材是目前业界最全面、最专业的云计算课程体系，能够满足企业对高级复合型人才的要求。参与本书编写的院校老师还有翟慧、郭峰等。

课工场是北京大学下属企业北京课工场教育科技有限公司推出的互联网教育平台，专注于互联网企业各岗位人才的培养。平台汇聚了数百位来自知名培训机构、高校的顶级名师和互联网企业的行业专家，面向大学生以及需要“充电”的在职人员，针对与互联网相关的产品设计、开发、运维、推广和运营等岗位，提供在线的直播和录播课程，并通过遍及全国的几十家线下服务中心提供现场面授以及多种形式的教学服务，并同步研发出版最新的课程教材。

除了教材之外，课工场还提供各种学习资源和支持，包括：

- 现场面授课程
- 在线直播课程
- 录播视频课程
- 授课 PPT 课件
- 案例素材下载
- 扩展资料提供
- 学习交流社区
- QQ 讨论组（技术，就业，生活）

以上资源请访问课工场网站 www.kgc.cn。

本套教材特点

（1）科学的训练模式

- 科学的课程体系。
- 创新的教学模式。
- 技能人脉，实现多方位就业。
- 随需而变，支持终身学习。

（2）企业实战项目驱动

- 覆盖企业各项业务所需的 IT 技能。
- 几十个实训项目，快速积累一线实践经验。

（3）便捷的学习体验

- 提供二维码扫描，可以观看相关视频讲解和扩展资料等知识服务。
- 课工场开辟教材配套版块，提供素材下载、学习社区等丰富的在线学习资源。

读者对象

（1）初学者：本套教材将帮助你快速进入云计算及运维开发行业，从零开始逐步成长为专业的云计算及运维开发工程师。

（2）初中级运维及运维开发者：本套教材将带你进行全面、系统的云计算及运维开发学习，逐步成长为高级云计算及运维开发工程师。

课工场出品（kgc.cn）

课程设计说明

课程目标

读者学完本书后，能够掌握 Web 服务器的配置及优化，设计、实施和部署 Web 服务器集群。

训练技能

- 掌握 Apache 配置、应用及优化。
- 掌握 Nginx 配置、应用及优化。
- 理解 LVS 负载均衡集群的部署模式，并且掌握负载均衡集群的部署过程。
- 理解 Keepalived 的工作原理，并且掌握使用 Keepalived 实现高可用群集的部署。
- 掌握使用 Haproxy 实现 Web 群集的部署与管理方法。

设计思路

本书采用了教材 + 扩展知识的设计思路，扩展知识提供二维码扫描，形式可能是文档、视频等，内容会随时更新，以更好地服务读者。

教材分为 12 章、3 个阶段来设计学习，即部署 Apache 服务器、部署 Nginx 服务器、部署 Web 群集，具体安排如下：

- 第 1 章～第 5 章介绍使用 Apache 开源软件部署 Web 服务器的相关基础知识，理解 Apache 的日志管理、网页优化、防盗链、压力测试等概念，掌握 LAMP 平台架构部署。
- 第 6 章～第 9 章介绍使用 Nginx 开源软件部署 Web 服务器的相关基础知识，实现 Nginx 访问控制、虚拟主机、优化与防盗链等相关操作，掌握 LNMP 平台架构的部署、Nginx+Apache 动静分离与 Nginx+Tomcat 群集、动静分离相关内容。
- 第 10 章～第 11 章介绍的是 LVS、Keepalived、Haproxy 常用的群集部署软件工作原理，分别实现 Web 负载均衡群集、高可用负载均衡群集部署的相关内容。

章节导读

- 技能目标：学习本章所要达到的技能，可以作为检验学习效果的标准。
- 内容讲解：对本章涉及的技能内容进行分析并展开讲解。

- 操作案例：对所学内容的实操训练。
- 本章总结：针对本章内容的概括和总结。
- 本章作业：针对本章内容的补充练习，用于加强对技能的理解和运用。
- 扩展知识：针对本章内容的扩展、补充，对于新知识随时可以更新。

学习资源

- 学习交流社区（课工场）
- 案例素材下载
- 相关视频教程

更多内容详见课工场 www.kgc.cn。

目　录

前言
课程设计说明

第 1 章　Web 基础与 HTTP 协议 1
1.1　Web 基础 2
1.1.1　域名和 DNS 2
1.1.2　网页与 HTML 5
1.1.3　静态网页与动态网页 8
1.2　HTTP 协议 9
1.2.1　HTTP 协议概述 9
1.2.2　HTTP 方法 9
1.2.3　HTTP 状态码 10
1.2.4　HTTP 请求流程分析 11
1.2.5　Fiddler 抓包工具 13
本章总结 14
本章作业 14

第 2 章　部署 LAMP 平台 15
2.1　Apache 网站服务基础 16
2.1.1　Apache 简介 16
2.1.2　安装 httpd 服务器 17
2.2　httpd 服务器的基本配置 19
2.2.1　Web 站点的部署过程 20
2.2.2　httpd.conf 配置文件 21
2.3　构建虚拟 Web 主机 23
2.3.1　基于域名的虚拟主机 24
2.3.2　基于 IP 地址、基于端口的虚拟主机. 26
2.4　MySQL 服务 28
2.4.1　MySQL 的编译安装 28
2.4.2　访问 MySQL 数据库 30
2.5　构建 PHP 运行环境 32
2.5.1　安装 PHP 软件包 32
2.5.2　设置 LAMP 组件环境 34
2.5.3　测试 LAMP 协同工作 35
2.6　LAMP 架构应用实例 37
2.6.1　部署 phpMyAdmin 系统 37
2.6.2　使用 phpMyAdmin 系统 38
2.7　CentOS 7 构建 LAMP 平台 39
本章总结 42
本章作业 43

第 3 章　Apache 配置与应用 45
3.1　Apache 连接保持 46
3.2　Apache 的访问控制 46
3.2.1　客户机地址限制 47
3.2.2　用户授权限制 48
3.3　Apache 日志分割 49
3.4　AWStats 日志分析 51
3.4.1　部署 AWStats 分析系统 51
3.4.2　访问 AWStats 分析系统 54
本章总结 55
本章作业 56

第 4 章　Apache 网页与安全优化 57
4.1　Apache 网页优化 58
4.1.1　网页压缩 58
4.1.2　网页缓存 60
4.2　Apache 安全优化 62
4.2.1　防盗链 62
4.2.2　隐藏版本信息 68
本章总结 69
本章作业 69

第 5 章　Apache 优化深入 71
5.1　ab 压力测试 72
5.2　Apache 工作模式 75

5.3 目录属性优化........................... 83
本章总结.. 86
本章作业.. 86

第 6 章 Nginx 服务与 LNMP 部署 .. 87
6.1 Nginx 服务基础........................ 88
6.1.1 Nginx 1.6 安装及运行控制 88
6.1.2 配置文件 nginx.conf........................ 90
6.1.3 访问状态统计 92
6.1.4 Nginx 1.10 安装及运行控制 93
6.2 Nginx 访问控制 93
6.2.1 基于授权的访问控制 93
6.2.2 基于客户端的访问控制 95
6.3 Nginx 虚拟主机........................ 96
6.4 LNMP 架构部署..................... 100
本章总结...................................... 105
本章作业...................................... 105

第 7 章 LNMP 应用部署与动静分离 107
7.1 LNMP 应用部署..................... 108
7.1.1 常用的 PHP 开源产品介绍............ 108
7.1.2 在 LNMP 平台中部署 SKYUC........ 109
7.1.3 在 LNMP 平台中部署 Discuz！......114
7.2 部署 Nginx+Apache 动静分离 . 120
本章总结...................................... 123
本章作业...................................... 123

第 8 章 Nginx 企业级优化............ 125
8.1 Nginx 服务优化...................... 126
8.1.1 隐藏版本号 126
8.1.2 修改用户与组............................... 127
8.1.3 配置网页缓存时间......................... 128
8.1.4 日志切割 129
8.1.5 设置连接超时 130
8.2 Nginx 优化深入...................... 131
8.2.1 更改进程数 131
8.2.2 配置网页压缩............................... 132
8.2.3 配置防盗链 133
8.2.4 FPM 参数优化.............................. 136
本章总结...................................... 137
本章作业...................................... 137

第 9 章 部署 Tomcat 及其负载均衡 139
9.1 部署 Tomcat........................... 140
9.1.1 案例分析 140
9.1.2 案例实施 141
9.2 Nginx+Tomcat 负载均衡集群.. 147
9.2.1 案例分析 147
9.2.2 案例实施 148
9.2.3 案例扩展 151
本章总结...................................... 152
本章作业...................................... 152

第 10 章 LVS 负载均衡群集 153
10.1 LVS 群集应用基础 154
10.1.1 群集技术概述............................. 154
10.1.2 LVS 虚拟服务器 156
10.2 构建 LVS 负载均衡群集 159
10.2.1 案例：地址转换模式（LVS-NAT） 159
10.2.2 案例：直接路由模式（LVS-DR） 161
本章总结...................................... 164
本章作业...................................... 164
扩展知识...................................... 164

第 11 章 LVS+Keepalived 高可用群集 165
11.1 Keepalived 双机热备基础知识.............................. 166
11.1.1 Keepalived 概述及安装 166
11.1.2 使用 Keepalived 实现双机热备 167
11.2 LVS+Keepalived 高可用群集 171
本章总结...................................... 173

本章作业.. 174
扩展知识.. 174

第12章　使用Haproxy搭建Web群集........................ 175
12.1　搭建Web群集案例分析...... 176
12.2　案例实施（老版本）............ 178
12.3　案例实施（新版本）............ 183
12.4　Haproxy的ACL规则及案例 194
12.5　使用Keepalived实现Haproxy服务高可用............ 199
本章总结.. 202
本章作业.. 203

第1章

Web 基础与 HTTP 协议

技能目标

- 了解静态网页与动态网页
- 理解 HTTP 协议的 GET 方法和 POST 方法
- 理解 HTTP 协议请求流程
- 掌握 Fiddler 抓包工具的使用

本章导读

随着互联网的飞速发展，企业信息化应用大多已采用网页的形式构建，掌握网页的相关知识和 HTTP 的请求流程，是掌握互联网技术的第一步，本章将讲解相关内容。

APP 扫码看视频

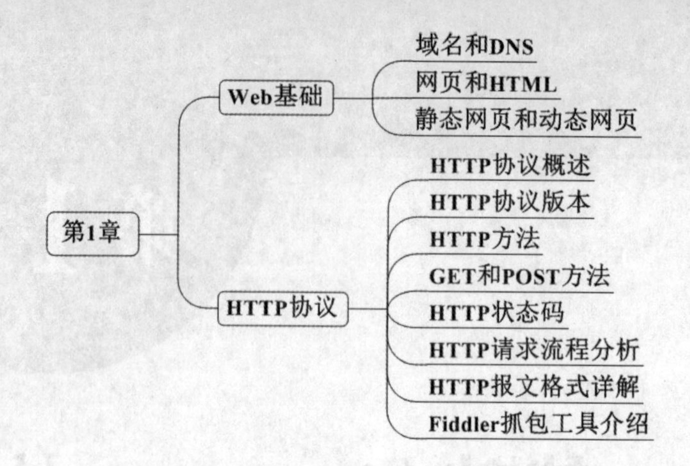

1.1 Web 基础

本节先讲解 Web 基础知识，包括域名的概念、DNS 原理、静态网页和动态网页的相关知识。

1.1.1 域名和 DNS

1. 域名的概念

网络是基于 TCP/IP 协议进行通信和连接的，每一台主机都有一个唯一的固定的 IP 地址，以区别于网络上成千上万个用户和计算机。网络在区分所有与之相连的网络和主机时，均采用了一种唯一、通用的地址格式，即每一个与网络相连接的计算机和服务器都被指派了一个独一无二的地址。为了保证网络上每台计算机的 IP 地址的唯一性，用户必须向特定机构申请注册、分配 IP 地址。网络中的地址方案分为两套：IP 地址系统和域名地址系统。这两套地址系统其实是一一对应的。IP 地址用二进制数来表示，每个 IP 地址长 32 比特，由 4 组 8 位的二进制数字组成，数字之间用点间隔，例如 100.10.0.1 表示一个 IP 地址。由于 IP 地址是数字标识，使用时难以记忆和书写，因此在 IP 地址的基础上发展出一种符号化的地址方案，来代替数字型的 IP 地址。每一个符号化的地址都与特定的 IP 地址对应，这样网络上的资源访问起来就容易得多了。这个与网络上的数字型 IP 地址相对应的字符型地址，就被称为域名。

通俗的说，域名就相当于一个家庭的门牌号码，别人通过这个号码可以很容易地找到你。

（1）域名的结构

以一个常见的域名为例来说明，如图 1.1 所示，www.baidu.com 网址由两部分组成，“baidu”是这个域名的主体，而最后的“com”则是该域名的后缀，代表这是一个 com 国际域名，是顶级域名，而前面的 www 是主机名。

域名由英文字母和数字组成，每一组不超过 63 个字符，也不区分大小写字母，除连字符（-）外不能使用其他的标点符号。级别最低的域名写在最左边，而级别最高的域名写在最右边。由多组组成的完整域名总共不超过 255 个字符。

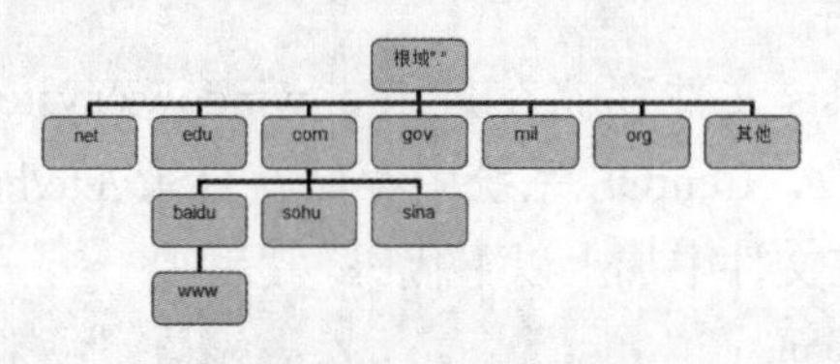

图 1.1　域名结构图

一些国家也纷纷开发采用本民族语言构成的域名，如德语、法语等。中国也开始使用中文域名，但可以预计的是，在今后相当长的一段时期内，以英语为基础的域名（即英文域名）仍然是主流。

（2）域名结构类型

① 根域：指的是根服务器，用来管理互联网的主目录，全世界只有 13 个。1 个为主根服务器，放置在美国；其余 12 个均为辅根服务器，其中美国 9 个，欧洲 2 个，位于英国和瑞典，亚洲 1 个，位于日本。所有根服务器均由美国政府授权的互联网域名与号码分配机构（ICANN）统一管理，来负责全球互联网域名根服务器、域名体系和 IP 地址等的管理。

② 顶级域：包括组织域名和国家 / 地区域名。域名的最右侧是国家 / 地区域名，国家代码由两个字母组成，如 .cn、.de 和 .jp，其中 .cn 是中国专用的顶级域名。在国家 / 地区域名左侧是组织域名，常见的 .com 用于商业机构，.net 用于网络组织，.org 用于各种组织（包括非盈利组织）。

③ 二级域名：在顶级域名之前的域名，它是指域名注册人的网上名称，例如 baidu、ibm、yahoo、microsoft 等。

④ FQDN：即主机名 .DNS 后缀，是指主机名加上全路径，全路径列出了序列中的所有域成员。全域名可以从逻辑上准确地表示出主机在什么地方，也可以说全域名是主机名的一种完全表示形式。从全域名中包含的信息可以看出主机在域名树中的位置。

2. Hosts 文件

Hosts 文件是一个用于存储计算机网络中节点信息的文件，它可以将主机名映射到相应的 IP 地址，实现 DNS 的功能，它可以由计算机的用户进行修改控制。

（1）Hosts 文件的作用

在网络上访问网站，要首先通过 DNS 服务器把要访问的域名解析成 IP 地址后，计算机才能对这个网络域名作访问。

要是对于每个域名请求我们都要等待域名服务器解析后返回 IP 信息，这样访问网络的效率就会降低，因为 DNS 做域名解析和返回 IP 都需要时间。为了提高对经常访问的网络域名的解析效率，可以通过在 Hosts 文件中建立域名和 IP 的映射关系来达到目的。根据系统规定，在进行 DNS 请求以前，系统会先检查自己的 Hosts 文件中是否有这个网络域名映射关系。如果有，则调用这个 IP 地址映射，如果没有，再向已知的 DNS 服务器提出域名解析，也就是说 Hosts 的请求级别比 DNS 高。

（2）修改 Hosts 文件

Windows 系统中 Hosts 文件存储在目录 c:\windows\system32\drivers\etc\ 下面，用记事本可以对其进行修改，CentOS 系统中存储在目录 /etc/hosts 下面，用 vi /etc/hosts 可以对其进行修改，如在文件中加上以下代码。

```
127.0.0.1    www.baidu.com
```

当访问 www.baidu.com 时，发现本机 hosts 文件中有映射的 IP 地址，则访问这个 IP 地址。

3. DNS

在互联网上域名与 IP 地址之间是一一对应的，域名虽然便于人们记忆，但机器之间只能互相认识 IP 地址，它们之间的转换工作称为域名解析，域名解析要由专门的域名解析系统来完成，DNS 就是进行域名解析的系统。

主机名到 IP 地址的映射有两种方式。

（1）静态映射。每台设备上都配置主机到 IP 地址的映射，各设备独立维护自己的映射表，而且只供本设备使用。

（2）动态映射。建立一套域名解析系统（DNS），只在专门的 DNS 服务器上配置主机到 IP 地址的映射，网络上需要使用主机名通信的设备，首先需要到 DNS 服务器查询主机所对应的 IP 地址。

通过主机名，最终得到该主机名对应的 IP 地址的过程叫作域名解析（或主机名解析）。在解析域名时，可以首先采用静态域名解析的方法，如果静态域名解析不成功，再采用动态域名解析的方法。将一些常用的域名放入静态域名解析表中，可以大大提高域名解析效率。

在 Windows 命令行模式中输入网络查询命令 nslookup www.baidu.com，可以查询到域名对应的 IP 地址。

4. 域名注册

域名注册是 Internet 中用于解决地址对应问题的一种方法。域名注册遵循先申请先注册原则，管理机构对申请人提出的域名是否违反第三方的权利不进行任何实质性审查。每个域名都是独一无二的、不可重复的。

域名注册的所有者都是以域名注册提交人填写的域名订单的信息为准的，注册成功 24 小时后，即可在国际（ICANN）、国内（CNNIC）管理机构查询 whois 信息（whois 信息就是域名所有者等信息）。

域名注册步骤如下。

（1）准备申请资料：com 域名无需提供身份证、营业执照等资料，cn 域名已开放个人申请注册，所以申请时需要提供身份证或企业营业执照。

（2）寻找域名注册网站：由于 com、cn 等不同后缀域名均属于不同注册管理机构所管理，如要注册不同后缀域名则需要从注册管理机构寻找经过其授权的顶级域名注册服务机构。如 com 域名的管理机构为 ICANN，cn 域名的管理机构为 CNNIC（中国互联网络信息中心）。若注册商已经通过 ICANN、CNNIC 双重认证，则无需分别到其他注册服务机构申请域名。

（3）查询域名：在域名注册查询网站注册用户名成功后查询域名，选择您要注册的域名，并点击注册。

（4）正式申请：查到想要注册的域名，并且确认域名为可申请的状态后，提交注册，并缴纳年费。

（5）申请成功：正式申请成功后，即可开始进行 DNS 解析管理、设置解析记录等操作。

1.1.2 网页与 HTML

网页是构成网站的基本元素，是承载各种网站应用的平台，网页是由 HTML（超文本标记语言）编写的。通俗地说，网站就是由网页组成的，如果您只有域名和虚拟主机而没有制作任何网页的话，客户仍旧无法访问您的网站。

1. 网页概述

网页是一个文件，它存放在世界上某个角落的某一部计算机中，而这部计算机必须是与互联网相连的。网页经由网址（URL）来识别与存取，是互联网中的一“页”。

网页可以包括如下内容。

（1）文本：文本是网页上最重要的信息载体与交流工具，网页中的主要信息一般都以文本形式为主。

（2）图像：图像在网页中具有提供信息并展示直观形象的作用。

静态图像：在网页中可能是图片或矢量图形。通常为 GIF、JPEG 或 PNG，或矢量格式，如 SVG 或 Flash。

动画图像：通常为 GIF 和 SVG。

（3）Flash 动画：动画在网页中的作用是有效地吸引访问者更多的注意。

（4）声音：声音是多媒体和视频网页重要的组成部分。

（5）视频：视频文件的采用使网页效果更加精彩且富有动感。

（6）表格：表格用来在网页中控制页面信息的布局方式。

（7）导航栏：导航栏在网页中是一组超链接，其连接的目的端是网页中重要的页面。

（8）交互式表单：表单在网页中通常用来连接数据库并接受用户在浏览器端输入的数据，利用数据库为客户端与服务器端提供更多的互动。

网页相关概念如下：

（1）域名：是浏览网页时输入的网址。

（2）HTTP：用来传输网页的通信协议，使用浏览器访问网址时，在域名前面要加上 http://，表示使用 http 协议传输网页。

（3）URL：是一种万维网寻址系统，表示网络上资源的位置路径。

（4）HTML：是编写网页的超文本标记语言。

（5）超链接：将网站中不同网页链接起来的功能。

（6）发布：将制作好的网页上传到服务器供用户访问的过程。

2. HTML 概述

HTML 叫作超文本标记语言，是一种规范，也是一种标准，它通过标记符来标记要显示的网页中的各个部分。网页文件本身是一种文本文件，通过在文本文件中添加标记符，可以告诉浏览器如何显示其中的内容（如：文字如何处理，画面如何安排，图片如何显示等）。浏览器按顺序阅读网页文件，然后根据标记符解释和显示其标记的内容，对书写出错的标记将不指出其错误，且不停止其解释执行过程，编制者只能通过显示效果来分析出错原因和出错部位。但需要注意的是，不同的浏览器，对同一标记符可能会做出不完全相同的解释，因而可能会有不同的显示效果。

HTML 文件可以使用任何能够生成 txt 文件的文本编辑器来编辑，生成超文本标记语言文件，只用修改文件名后缀为“.html”或“.htm”即可。

3. HTML 基本标签

（1）HTML 语法规则

HTML 标签采用双标记符的形式，前后标记符对应，分别表示标记开始和结束，标记符中间的内容被标签描述。前标记符由“<XXX>”表示，结尾标记符多了一个“/”，由“</XXX>”表示。

（2）HTML 文件结构

HTML 文件最外层由 <html></html> 表示，说明该文件是用 HTML 语言来描述的。在它里面是并列的头标签（<head>）和内容标签（<body>），最基本的 HTML 文件结构如下：

```
<html>
  <head> 网页的内容描述信息 <head>
  <body> 网页显示的内容 </body>
</html>
```

常用的头标签中的标签如表 1-1 所示。

表 1-1 头标签中常用标签

标签	描述
<title>	定义了文档的标题
<base>	定义了页面链接标签的默认链接地址
<link>	定义了一个文档和外部资源之间的关系
<meta>	定义了 HTML 文档中的元数据
<script>	定义了客户端的脚本文件
<style>	定义了 HTML 文档的样式文件

内容标签中常用的标签如表 1-2 所示。

表 1-2 内容标签中常用标签

标签	描述
<table>	定义了一个表格
<tr>	定义了表格中的一行
<td>	定义了表格中某一行的一列
<a>	定义了一个超链接
 	定义了换行
<font>	定义了字体

4. 网站和主页

网站是由网页组成的，包含多个网页页面，是具有独立域名、独立存放空间的内容集合，这些内容可能是网页，也可能是程序或其他文件。

主页（首页）是用户打开浏览器时默认打开的网页。

当一个网站服务器收到一台电脑上网络浏览器的消息连接请求时，便会向这台电脑发送这个文档。当在浏览器的地址栏输入域名，而未指向特定目录或文件时，通常浏览器会打开网站的首页。网站首页往往会被编辑得易于了解该网站提供的信息，并引导互联网用户浏览网站其他部分的内容。这部分内容一般是一个目录性质的内容。

5. Web1.0 与 Web2.0

Web1.0 是指早期互联网模式，以门户网站为主，内容由网站运营商提供，以巨大的点击量和增值服务为主要盈利手段。

（1）Web1.0 基本采用的是技术创新主导模式，信息技术的变革和使用对于网站的新生与发展起到了关键性的作用。新浪最初就是以技术平台起家，腾讯以即时通讯技术起家，盛大以网络游戏起家，在这些网站的创始阶段，技术性的痕迹相当之重。

（2）Web1.0 的盈利都基于一个共通点，即巨大的点击流量。无论是早期融资还是后期获利，依托的都是为数众多的用户和点击率，以点击率为基础上市或开展增值服务，以及受众群众的基础，决定了盈利的水平和速度，充分地体现了互联网的眼球经济色彩。

Web2.0 是相对于 Web1.0 的新的时代，指的是一个利用 Web 的平台，由用户主导生成内容的互联网产品模式，如博客、社交网站等。为了区别传统由网站雇员主导生成内容而定义为第二代互联网，即 Web2.0，是一个全新的时代。其特征如下：

（1）用户分享。在 Web2.0 模式下，可以不受时间和地域的限制分享各种观点。用户既可以得到自己需要的信息，也可以发布自己的观点。

（2）以兴趣为聚合点的社群。在 Web2.0 模式下，聚集的是对某个或者某些问题感兴趣的群体，可以说，在无形中已经产生了细分市场。

（3）开放的平台，活跃的用户。平台对于用户来说是开放的，而且用户因为兴趣而保持比较高的忠诚度，他们会积极地参与其中。

1.1.3 静态网页与动态网页

1. 静态网页

在网站设计中，纯粹 HTML 格式的网页通常被称为“静态网页”，静态网页是标准的 HTML 文件，它的文件扩展名是 .htm、.html.。静态网页是网站建设的基础，早期的网站一般都是由静态网页制作的。静态网页也可以呈现各种动态的效果，如 .GIF 格式的动画、Flash、滚动字幕等，但这些“动态效果”只是视觉上的，与下面将要介绍的动态网页是不同的概念。

2. 动态网页

所谓动态网页，是指跟静态网页相对的一种网页编程技术。随着 HTML 代码的生成，静态网页的内容和显示效果就基本上不会发生变化了——除非你修改页面代码。而动态网页则不然，页面代码虽然没有变，但是显示的内容却可以随着时间、环境或者数据库操作的结果而发生改变。动态网页 URL 的后缀不是 .htm、.html、.shtml、.xml 等静态网页的常见网页制作格式，而是以 .aspx、.asp、.jsp、.php、.perl、.cgi 等形式为后缀，并且在动态网页网址中有一个标志性的符号——“?”。

动态网页是基本的 html 语法规范与 Java、PHP、C# 等高级程序设计语言、数据库编程等多种技术的融合，以期实现对网站内容和风格的高效、动态和交互式的管理。因此，从这个意义上来讲，凡是结合了 HTML 以外的高级程序设计语言和数据库技术进行的网页编程生成的网页都是动态网页。

3. 动态网页语言

早期的动态网页主要采用通用网关接口（Common Gateway Interface，CGI）技术，虽然 CGI 技术已经发展成熟而且功能强大，但由于编程困难、效率低下、修改复杂，所以有逐渐被新技术取代的趋势。

目前常用的动态网页编程语言介绍如下：

（1）PHP 即 Hypertext Preprocessor（超文本预处理器），它是当今 Internet 上使用最为火热的脚本语言，其语法借鉴了 C、Java、PERL 等语言，但只需要掌握很少的编程知识就能使用 PHP 建立一个真正交互的 Web 站点。

（2）ASP 即 Active Server Pages（动态服务器页面），它由微软开发，是一种类似于 HTML、Script 与 CGI 的结合体，但并没有提供自己专门的编程语言，而是允许用户使用许多已有的脚本语言编写 ASP 的应用程序。ASP 的程序编制比 HTML 更方便且更灵活，它在 Web 服务器端运行，运行后再将运行结果以 HTML 格式传送至客户端的浏览器。

（3）ASP.NET 的前身是 ASP 技术，是在 IIS2.0 上首次推出，在 IIS3.0 上成为服务器端应用程序的热门开发工具，微软还特别为它量身打造了 Visual InterDev 开发工具。ASP.NET 的简单以及高度可定制化的能力，也是它迅速崛起的原因之一；不过它的缺点也逐渐地浮现出来：面向过程的程序开发方法，让程序维护的难度提高很多，尤其是大型的 ASP 应用程序；采用解释型的 VBScript 或 JScript 语言，让性能无法完全发挥。

（4）JSP 即 Java Server Pages（Java 服务器页面），它是由 Sun Microsystem 公司于 1999 年 6 月推出的新技术，是基于 Java Servlet 以及整个 Java 体系的 Web 开发技术。

1.2　HTTP 协议

超文本传输协议（HyperText Transfer Protocol，HTTP）是互联网上应用最为广泛的一种网络协议，所有的网页文件都必须遵守这个标准。HTTP 最初的设计目的是为了提供一种发布和接收 HTML 页面的方法。

1.2.1　HTTP 协议概述

HTTP 协议采用了请求 / 响应模型。客户端向服务器发送一个请求，请求头包含请求的方法、URL、协议版本，以及包含请求修饰符、客户信息和内容的类似于 MIME 的消息结构。服务器以一个状态行作为响应，响应的内容包括消息协议的版本、成功或者错误编码，再加上服务器信息、实体元信息以及可能的实体内容。

HTTP 已经演化出了很多版本，它们中的大部分都是向下兼容的。

（1）HTTP/0.9——已过时。只接受 GET 一种请求方法，没有在通信中指定版本号，且不支持请求头。由于该版本不支持 POST 方法，所以客户端无法向服务器传递太多信息。

（2）HTTP/1.0——这是第一个在通信中指定版本号的 HTTP 协议版本，至今仍被广泛采用，特别是在代理服务器中。

（3）HTTP/1.1——当前版本。持久连接被默认采用，并能很好地配合代理服务器工作；还支持以管道方式同时发送多个请求，以便降低线路负载，提高传输速度。

1.2.2　HTTP 方法

HTTP 支持几种不同的请求命令，这些命令被称为 HTTP 方法（HTTP method），每条 HTTP 请求报文都包含一个方法，告诉服务器要执行什么动作，包括获取一个页面、运行一个网关程序、删除一个文件等，最常用的获取资源的方法是 GET、POST。HTTP 常用方法如表 1-3 所示。

表 1-3　HTTP 方法

HTTP 方法	描述
GET	请求获取 Request-URI 所标识的资源
PUT	请求服务器存储一个资源，并用 Request-URI 作为其标识
DELETE	请求服务器删除 Request-URI 所标识的资源
POST	在 Request-URI 所标识的资源后附加新的数据
HEAD	请求获取由 Request-URI 所标识的资源的响应消息报头

GET 方法采用的是 URL 后缀的形式，比如 http://www.test.com/a.php?Id=123 就是一个 GET 请求，服务器接收后可以解析出 Id=123，而 POST 方法不需要在 URL 中显示“?Id=123”，参数作为内容进行了隐藏的提交，因此提交表单类或者有用户名、密码等内容时建议使用 POST 方法。

GET 方法在 URL 上显示参数，而 URL 有长度限制，故不适合提交过大的数据。GET 方法可以被浏览器缓存，当请求已经被请求过一次的 URL 时，浏览器不需要向服务器再次发出请求，可以直接在本地缓存中获得页面。GET 和 POST 方法的对比如表 1-4 所示。

表 1-4　GET 和 POST 方法比较

	GET 方法	POST 方法
对数据长度的限制	URL 的长度是受限制的（URL 的最大长度是 2048 个字符）	无限制
缓存	能被缓存	不能被缓存
安全性	与 POST 相比，GET 的安全性较差，因为所发送的数据是 URL 的一部分。在发送密码或其他敏感信息时绝不要使用 GET	POST 比 GET 更安全，因为参数不会被保存在浏览器历史或 Web 服务器日志中
历史	参数保留在浏览器历史中	参数不会保存在浏览器历史中
后退按钮 / 刷新	无害	数据会被重新提交（浏览器应该告知用户数据会被重新提交）
书签	可收藏为书签	不可收藏为书签

1.2.3　HTTP 状态码

HTTP 状态码（HTTP Status Code）是用以表示网页服务器 HTTP 响应状态的 3 位数字代码，当浏览器请求某一 URL 时，服务器会根据处理情况返回相应的处理状态。HTTP 状态码可以分为五大类，如图 1.2 所示。其中 2XX、3XX 表示请求正常，4XX、5XX 表示出现异常情况。

状态码首位	已定义范围	分类
1xx	100-101	信息提示
2xx	200-206	成功
3xx	300-305	重定向
4xx	400-415	客户端错误
5xx	500-505	服务器错误

图 1.2　HTTP 状态码分类

生产环境常见的状态码如表 1-5 所示。

表 1-5　生产环境常见的 HTTP 状态码

消息	描述
200 OK	请求成功（其后是对 GET 和 POST 请求的应答文档）
301 Moved Permanently	请求的永久页面跳转
403 Forbidden	禁止访问该页面
404 Not Found	服务器无法找到被请求的页面
500 Internal Server Error	内部服务器错误
502 Bad Gateway	无效网关
503 Service Unavailable	当前服务不可用
504 Gateway Timeout	网关请求超时

1.2.4　HTTP 请求流程分析

用户在浏览器输入 URL 访问时，发起 HTTP 请求报文，请求中包括请求行、请求头、请求体；服务器收到请求后返回响应报文，包括状态行、响应头、响应体，如图 1.3 所示。

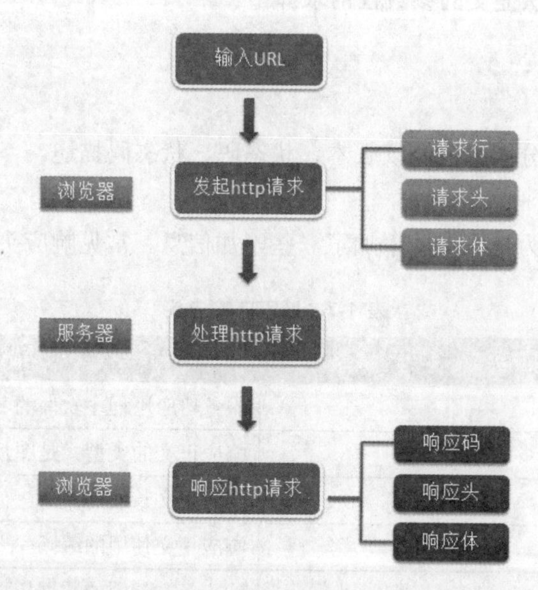

图 1.3　HTTP 请求流程

1. 请求报文

（1）请求行

由三部分组成，分别为：请求方法、URL 以及协议版本。

（2）请求头

请求头为请求报文添加了一些附加信息，由“名 / 值”对组成，每行一对，名和值之间使用冒号分隔，常用的请求头如表 1-6 所示。

表 1-6　HTTP 请求头

请求头	描述
Host	接受请求的服务器地址，可以是 IP: 端口号，也可以是域名
User-Agent	发送请求的应用程序名称
Connection	指定与连接相关的属性，如 Connection:Keep-Alive
Accept-Charset	通知服务端可以发送的编码格式
Accept-Encoding	通知服务端可以发送的数据压缩格式
Accept-Language	通知服务端可以发送的语言

（3）空行

请求头的最后会有一个空行，表示请求头结束，接下来为请求体，这一行非常重要，必不可少。

（4）请求体

请求体是请求提交的参数，GET 方法已经在 URL 中指明了参数，所以提交时没有数据；而 POST 方法提交的参数在请求体中。

2. 响应报文

（1）状态行

由三部分组成，分别为：协议版本、状态码、状态码描述。

（2）响应头

与请求头类似，为响应报文添加了一些附加信息。常见响应头如表 1-7 所示。

表 1-7　HTTP 响应头

响应头	描述
Server	服务器应用程序软件的名称和版本
Content-Type	响应正文的类型（是图片还是二进制字符串）
Content-Length	响应正文长度
Content-Charset	响应正文使用的编码
Content-Encoding	响应正文使用的数据压缩格式
Content-Language	响应正文使用的语言

（3）空行

响应头的最后会有一个空行，表示响应头结束。

（4）响应体

服务器返回的相应 HTML 数据，浏览器对其解析后显示页面。

1.2.5 Fiddler 抓包工具

1. Fiddler 简介

Fiddler 是一款抓取 HTTP 数据包的工具软件，用于分析 HTTP 报文非常方便。

2. Fiddler 使用方法

安装 Fiddler 后，打开浏览器请求某一网址，请求的 URL 会以列表方式显示，如图 1.4 所示。

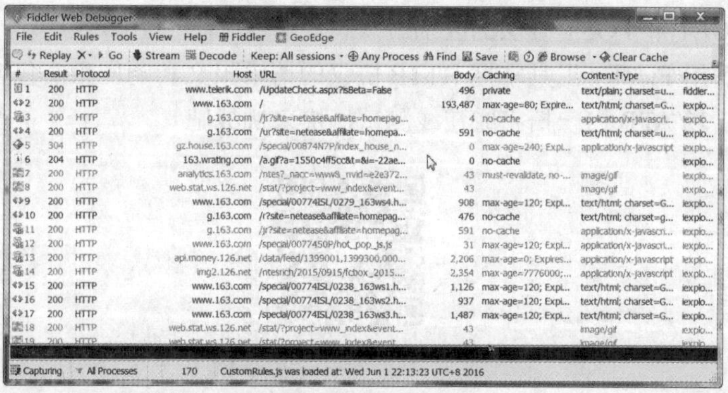

图 1.4 Fiddler 抓包

选中某个 URL，可以看到对应的请求报文和响应报文，选择 Inspectors 中的 Headers，可以看到请求头和响应头的详细信息，如图 1.5 所示。

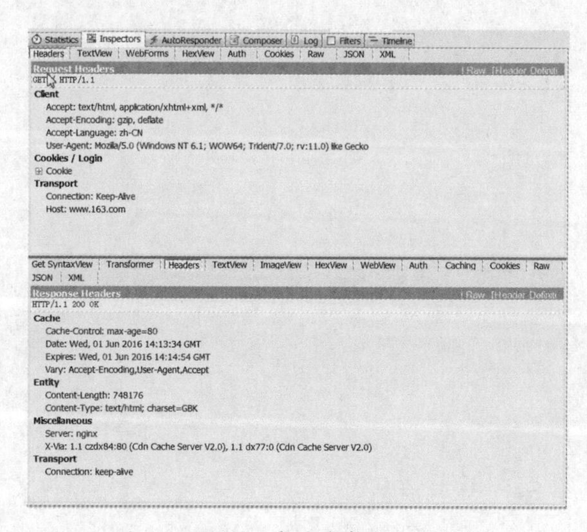

图 1.5 Fiddler 查看请求头和响应头

本章总结

- 网页内容由网站内部采集发布的是 Web1.0，内容由使用者提供的是 Web2.0。
- POST 和 GET 方法在缓存、安全性、长度限制等方面有区别。
- HTTP 协议请求响应以报文形式传递。
- Fiddler 是一款抓取 HTTP 数据包的工具软件，用于分析 HTTP 报文非常方便。

本章作业

1. 简述静态网页和动态网页的区别。
2. 简述 Web1.0 和 Web2.0 的区别。
3. 简述 GET 和 POST 方法的区别。
4. 结合使用 Fiddler 工具掌握 HTTP 协议的请求报文和响应报文包含的内容。
5. 用课工场 APP 扫一扫完成在线测试，快来挑战吧！

第2章

部署LAMP平台

技能目标

- 掌握以源码编译的方法构建 LAMP 环境
- 学会 phpMyAdmin 的使用

本章导读

LAMP 架构是目前成熟的企业网站应用模式之一，指的是协同工作的一整套系统和相关软件，能够提供动态 Web 站点服务及其应用开发环境。LAMP 是一个缩写词，具体包括 Linux 操作系统、Apache 网站服务器、MySQL 数据库服务器、PHP（或 Perl、Python）网页编程语言。

在之前的课程中，我们已经体验过 LAMP 平台的搭建，本章将以源码编译的方式搭建 LAMP 环境，以满足企业定制化的需求。

在构建 LAMP 平台时，各组件的安装顺序依次为 Linux、Apache、MySQL、PHP。其中 Apache 和 MySQL 的安装并没有严格的顺序要求，而 PHP 环境的安装一般放到最后，负责沟通 Web 服务器和数据库系统以协同工作。

APP 扫码看视频

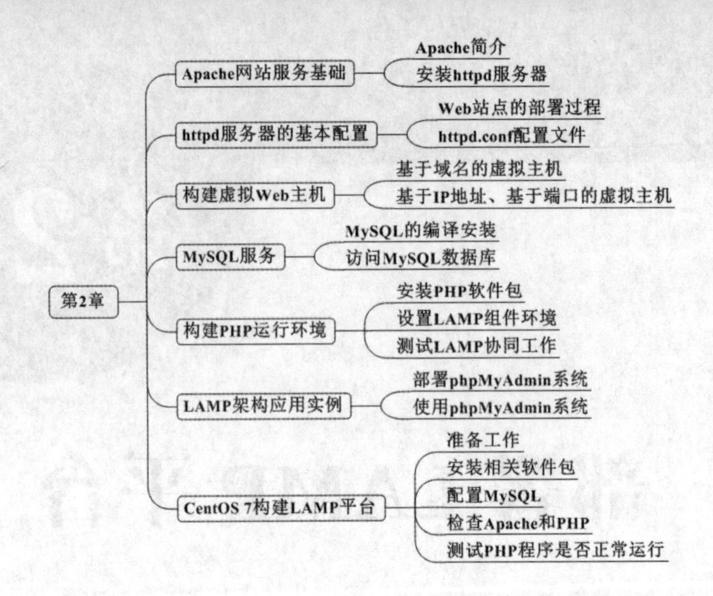

2.1 Apache 网站服务基础

本节将介绍 Apache HTTP Server 的特点及其编译安装过程。

2.1.1 Apache 简介

Apache HTTP Server 是开源软件项目的杰出代表，基于标准的 HTTP 网络协议提供网页浏览服务，在 Web 服务器领域中长期保持着超过半数的份额。Apache 服务器可以运行在 Linux、UNIX、Windows 等多种操作系统平台中。

1. Apache 的起源

Apache 服务器是针对之前出现的若干个 Web 服务器程序进行整合、完善后形成的软件，其名称来源于“A Patchy Server”，意思是“基于原有 Web 服务程序的代码进行修改（补丁）后形成的服务器程序”。

1995 年， Apache 服务程序的 1.0 版本发布，之后一直由 Apache Group 负责该项目的管理和维护；直到 1999 年，在 Apache Group 的基础上成立了 Apache 软件基金会（Apache Software Foundation，ASF）。目前，Apache 项目一直由 ASF 负责管理和维护。

ASF 是非盈利性质的组织，最初只负责 Apache Web 服务器项目的管理，随着 Web 应用需求的不断扩大，ASF 逐渐增加了许多与 Web 技术相关的开源软件项目，因此 Apache 现在不仅仅代表着 Web 服务器，更广泛地代表着 ASF 管理的众多开源软件项目。ASF 基金会的官方网站是 http://www.apache.org/。

Apache HTTP Server 是 ASF 旗下著名的软件项目之一，其正式名称是“httpd”，也就是曾经的 Apache 网站服务器。在本书后续内容中，若未作特殊说明，使用“Apache”或者“httpd”，均指的是 Apache HTTP Server。

2. Apache 的主要特点

Apache 服务器在功能、性能和安全性等方面的表现都是比较突出的，可以较好地满足 Web 服务器用户的应用需求。其主要特点包括以下几个方面。

- 开放源代码：这是 Apache 服务器的重要特性之一，也是其他特性的基础。Apache 服务程序由全世界的众多开发者共同维护，并且任何人都可以自由使用，这充分体现了开源软件的精神。
- 跨平台应用：这个特性得益于 Apache 的源代码开放。Apache 服务器可以运行在绝大多数软硬件平台上，所有 UNIX 操作系统都可以运行 Apache 服务器，甚至在大多数 Windows 系统平台中也可以良好地运行 Apache 服务器。Apache 服务器的跨平台特性使其具有被广泛应用的条件。
- 支持各种 Web 编程语言：Apache 服务器可支持的网页编程语言包括 Perl、PHP、Python、Java 等，甚至微软的 ASP 技术也可以在 Apache 服务器中使用。支持各种常用的 Web 编程语言使 Apache 具有更广泛的应用领域。
- 模块化设计：Apache 并没有将所有的功能集中在单一的服务程序内部，而是尽可能地通过标准的模块来实现专有的功能，这为 Apache 服务器带来了良好的扩展性。其他软件开发商可以编写标准的模块程序，从而添加 Apache 本身并不具有的其他功能。
- 运行非常稳定：Apache 服务器可用于构建具有大负载访问量的 Web 站点，很多知名的企业网站都使用 Apache 作为 Web 服务软件。
- 良好的安全性：Apache 服务器具有相对较好的安全性，这是开源软件共同具有的特性。并且，Apache 的维护团队会及时对已发现的漏洞提供修补程序，为 Apache 的所有使用者提供尽可能安全的服务器程序。

2.1.2 安装 httpd 服务器

在配置 Apache 网站服务之前，需要正确安装好 httpd 服务器软件。httpd 服务器的安装可以选用 RPM 安装、源码编译安装两种方式，前者相对比较简单、快速，但是在功能上存在一定的局限性。

本小节将以下载的源码包 httpd-2.2.17.tar.gz 为例，介绍 httpd 服务的定制安装过程。

1. 准备工作

为了避免发生端口冲突、程序冲突等现象，建议先卸载使用 RPM 方式安装的 httpd。

```
[root@www ~]# rpm -e httpd --nodeps
```

2. 源码编译及安装

（1）解包

将下载获得的 httpd 源码包解压并释放到 /usr/src 目录下，且切换到展开后的源码目录中。

```
[root@www ~]# tar zxf httpd-2.2.17.tar.gz -C /usr/src
[root@www ~]# cd /usr/src/httpd-2.2.17
```

（2）配置

根据服务器的实际应用需要，可以灵活设置不同的定制选项，如指定安装路径、启用字符集支持等。若要获知可用的各种配置选项及其含义，可以执行“./configure --help”命令。

```
[root@www httpd-2.2.17]# ./configure  --prefix=/usr/local/httpd  --enable-so
 --enable-rewrite  --enable-charset-lite  --enable-cgi
```

上述配置命令中，各选项的含义如下。

- --prefix：指定将 httpd 服务程序安装到哪个目录下，如 /usr/local/httpd。
- --enable-so：启用动态加载模块支持，使 httpd 具备进一步扩展功能的能力。
- --enable-rewrite：启用网页地址重写功能，用于网站优化及目录迁移维护。
- --enable-charset-lite：启用字符集支持，以便支持使用各种字符集编码的网页。
- --enable-cgi：启用 CGI 脚本程序支持，便于扩展网站的应用访问能力。

（3）编译及安装

完成配置以后，执行“make”命令进行编译，将源代码转换为可执行的程序；然后执行“make install”命令完成最后的安装过程；将编译完的 httpd 程序及相关目录、文件复制到预设的安装目录（由配置时的“--prefix”选项指定）。其中“make”的过程可能会需要较长的时间。

```
[root@www httpd-2.2.17]# make
[root@www httpd-2.2.17]# make install
```

3. 确认安装结果

由于指定的安装目录为 /usr/local/httpd，因此 httpd 服务的各种程序、模块、帮助文件等都将复制到此目录下。

```
[root@www ~]# ls /usr/local/httpd
bin cgi-bin error icons lib man modules
build conf htdocs include logs manual
```

在安装后的 /usr/local/httpd 目录下，主要子目录的用途如下。

- /usr/local/httpd/bin：存放 httpd 服务的各种执行程序文件，包括主程序 httpd、服务控制工具 apachectl 等。
- /usr/local/httpd/conf：存放 httpd 服务的各种配置文件，包括主配置文件 httpd.conf、增强配置子目录 extra 等。

- /usr/local/httpd/htdocs：存放网页文档，包括默认首页文件 index.html 等。
- /usr/local/httpd/logs：存放 httpd 服务的日志文件。
- /usr/local/httpd/modules：存放 httpd 服务的各种模块文件。
- /usr/local/httpd/cgi-bin：存放各种 CGI 程序文件。

4. 优化执行路径

通过源码编译安装的 httpd 服务，程序路径并不在默认的搜索路径中，为了使该服务在使用时更加方便，可以为相关程序添加符号链接。

```
[root@www ~]# ln -s /usr/local/httpd/bin/* /usr/local/bin
[root@www ~]# ls -l /usr/local/bin/httpd /usr/local/bin/apachectl
lrwxrwxrwx 1 root root 30 6 月 10 13:08 /usr/local/bin/apachectl ->  /usr/local/httpd/bin/apachectl
lrwxrwxrwx 1 root root 26 6 月 10 13:08 /usr/local/bin/httpd -> /usr/local/ httpd/bin/httpd
```

这样，再执行相关命令时就不用输入冗长的路径了。例如，当执行“httpd-v”命令（用于查看程序版本）时，即相当于执行了“/usr/local/httpd/bin/httpd-v”命令。

```
[root@www local]# httpd -v
Server version: Apache/2.2.17 (Unix)
Server built:   Jun 10 2014 13:02:01
```

5. 添加 httpd 系统服务

若希望将 httpd 添加为系统服务，以便通过 chkconfig 进行管理，需要建立可控的服务脚本。例如，可将 apachectl 脚本复制为 /etc/init.d/httpd，并在文件开头添加 chkconfig 识别配置，然后再将其添加为标准的 Linux 系统服务。

```
[root@www ~]# cp /usr/local/httpd/bin/apachectl /etc/init.d/httpd
[root@www ~]# vi /etc/init.d/httpd
#!/bin/bash
# chkconfig: 35 85 21    // 服务识别参数，在级别 3、5 中启动；启动和关闭的顺序分别为 85、21
# description: Startup script for the Apache HTTP Server        // 服务描述信息
…… // 省略部分内容
[root@www ~]# chkconfig --add httpd                              // 将 httpd 添加为系统服务
[root@www ~]# chkconfig --list httpd                             // 查看 httpd 服务的自启动状态
httpd        0: 关闭  1: 关闭  2: 关闭  3: 启用  4: 关闭  5: 启用  6: 关闭
```

成功执行上述操作以后，Linux 系统每次进入运行级别 3、5 时，httpd 服务将会自动运行。在日常维护过程中，可以直接使用 apachectl 工具来控制 httpd 服务，也可以使用 /etc/init.d/httpd 脚本。例如，当执行“/etc/init.d/httpd start”命令时，等同于执行“/usr/local/httpd/bin/apachectl start”命令，它们都用来启动 httpd 服务器程序。

2.2 httpd 服务器的基本配置

熟悉了 httpd 服务器的安装过程及主要目录结构以后，本节将进一步介绍使用 httpd 服务来架设 Web 站点的基本过程及常见配置。

2.2.1 Web 站点的部署过程

在 CentOS 6 系统中，使用 httpd 服务部署 Web 站点的基本过程分析如下。

1. 确定网站名称、IP 地址

若要向 Internet 中发布一个 Web 站点，需要申请一个合法的互联网 IP 地址，并向 DNS 服务提供商注册一个完整的网站名称。在企业内部网络中，这些信息则可以自行设置。例如，Web 主机的 IP 地址为 192.168.4.123，网站名称为 www.kgc.com。

当然，若要在客户机的浏览器中通过地址 www.kgc.com 来访问此 Web 站点，还应该有可用的 DNS 域名服务。例如，客户机所使用的 DNS 服务器应能够将 www.kgc.com 解析为 IP 地址 192.168.4.123。

在 Web 服务器本机中，将 IP 地址设置为 192.168.4.123，将主机名称设置为 www.kgc.com；并修改 /etc/hosts 文件，添加相应的映射记录以提高本地解析速度。

2. 配置并启动 httpd 服务

（1）配置 httpd 服务

编辑 httpd 服务的主配置文件 httpd.conf，查找配置项“ServerName”，在附近添加一行内容“ServiceName www.kgc.com”，用于设置网站名称。

```
[root@www ~]# vi /usr/local/httpd/conf/httpd.conf
……          //省略部分内容
ServerName www.kgc.com
……          //省略部分内容
```

修改 httpd.conf 文件的配置内容以后，建议使用带“-t”选项的 apachectl 命令对配置内容进行语法检查（或使用“httpd -t”命令）。如果没有语法错误，将会显示“Syntax OK”的信息，否则需要根据错误提示信息来修正配置。

```
[root@www ~]# /usr/local/httpd/bin/apachectl -t
Syntax OK
```

（2）启动 httpd 服务

使用脚本文件 /usr/local/httpd/bin/apachectl 或者 /etc/init.d/httpd，分别通过 start、stop、restart 选项进行控制，可用来启动、终止、重启 httpd 服务。正常启动 httpd 服务以后，默认将监听 TCP 协议的 80 端口。

```
[root@www ~]# /etc/init.d/httpd start
[root@www ~]# netstat -anpt | grep httpd
tcp     0     0 :::80        :::*        LISTEN      28511/httpd
```

3. 部署网页文档

对于新编译安装的 httpd 服务，网站根目录位于 /usr/local/httpd/htdocs 下，需要将 Web 站点的网页文档复制或上传到此目录下。httpd 服务器默认已提供了一个名为

index.html 的测试网页（可显示字串“It works！”），作为访问网站时的默认首页。

```
[root@www ~]# cat /usr/local/httpd/htdocs/index.html
<html><body><h1>It works!</h1></body></html>
```

4. 在客户机中访问 Web 站点

在客户机的网页浏览器中，通过域名或 IP 地址访问 httpd 服务器，将可以看到 Web 站点的页面内容。若使用的是 httpd 服务默认的首页，则页面会显示“It works！”，表示 httpd 服务已经正常运行。

5. 查看 Web 站点的访问情况

httpd 服务器使用了两种类型的日志：访问日志和错误日志。这两种日志的文件名分别为 access_log 和 error_log，均位于 /usr/local/httpd/logs 目录下。

通过查看访问日志文件 access_log，可以及时了解 Web 站点的访问情况。访问日志中的每一行对应一条访问记录，记录了客户机的 IP 地址、访问服务器的日期和时间、请求的网页对象等信息。例如，当从客户机 192.168.4.110 访问 Web 站点以后，访问日志将会记录“192.168.4.110……"GET/HTTP/1.1"……”的消息。

```
[root@www ~]# tail /usr/local/httpd/logs/access_log
192.168.4.110 - - [16/Jun/2014:13:58:37 +0800] "GET / HTTP/1.1" 200 44
192.168.4.110 - - [16/Jun/2014:13:58:37 +0800] "GET /favicon.ico HTTP/1.1" 404 209
```

通过查看错误日志文件 error_log，可以为排查服务器运行故障提供参考依据。错误日志文件中的每一行对应一条错误记录，记录了发生错误的日期和时间、错误事件类型、错误事件的内容描述等信息。例如，当浏览器请求的网站图标文件 favicon.ico 不存在时，将会记录“… File does not exist:…… favicon.ico”的消息。

```
[root@www ~]# tail /usr/local/httpd/logs/error_log
[Mon Jun 16 13:58:37 2014] [error] [client 192.168.4.110] File does not exist: /usr/local/httpd/htdocs/
favicon.ico
```

上述过程是使用 httpd 服务器部署并验证 Web 站点的基本步骤，其中涉及 httpd.conf 配置文件的改动量非常少，要搭建一台简单的 Web 服务器还是十分容易的。

2.2.2 httpd.conf 配置文件

若要对 Web 站点进行更加具体、更加强大的配置，仅仅学会添加“ServerName”配置项显然是远远不够的，还需要进一步熟悉 httpd.conf 配置文件，了解其他各种常见的配置项。

主配置文件 httpd.conf 由注释行、设置行两部分内容组成。与大多数 Linux 配置文件一样，注释性的文字以“#”开始，包含了对相关配置内容的说明和解释。除了注释行和空行以外的内容即设置行，构成了 Web 服务的有效配置。根据配置所作用的范围不同，设置行又可分为全局配置和区域配置。

1. 全局配置项

全局配置决定httpd服务器的全局运行参数，使用“关键字　值”的配置格式。例如，配置网站名称时使用的“ServerName www.kgc.com”，其中“ServerName”为配置关键字，而“www.kgc.com”为对应的值。

每一条全局配置都是一项独立的配置，不需要包含在其他任务区域中。以下列出了httpd.conf文件中最常用的一些全局配置项。

```
ServerRoot "/usr/local/httpd"
Listen 80
User daemon
Group daemon
ServerAdmin webmaster@kgc.com
ServerName www.kgc.com
DocumentRoot "/usr/local/httpd/htdocs"
DirectoryIndex index.html index.php
ErrorLog logs/error_log
LogLevel warn
CustomLog logs/access_log common
PidFile logs/httpd.pid
CharsetDefault UTF-8
Include conf/extra/httpd-default.conf
```

在上述设置行中，各全局配置项的含义如下。

- ServerRoot：设置httpd服务器的根目录，该目录下包括了运行Web站点必需的子目录和文件。默认的根目录为/usr/local/httpd，与httpd的安装目录相同。在httpd.conf配置文件中，如果指定目录或文件位置时不使用绝对路径，则认为该目录或文件位置是在服务器的根目录下。
- Listen：设置httpd服务器监听的网络端口号，默认为80。
- User：设置运行httpd进程时的用户身份，默认为daemon。
- Group：设置运行httpd进程时的组身份，默认为daemon。
- ServerAdmin：设置httpd服务器的管理员E-mail地址，可以通过此E-mail地址及时联系Web站点的管理员。
- ServerName：设置Web站点的完整主机名（主机名+域名）。
- DocumentRoot：设置网站根目录，即网页文档在系统中的实际存放路径。此配置项比较容易和ServerRoot混淆，需要格外注意。
- DirectoryIndex：设置网站的默认索引页（首页），可以设置多个首页文件，以空格分开，默认的首页文件为index.html。
- ErrorLog：设置错误日志文件的路径，默认路径为logs/error_log。
- LogLevel：设置记录日志的级别，默认级别为warn（警告）。
- CustomLog：设置访问日志文件的路径、日志类型，默认路径为logs/access_log，使用的类型为common（通用格式）。
- PidFile：设置用于保存httpd进程号（PID）的文件，默认保存地址为logs/

httpd.pid，logs 目录位于 Apache 服务器的根目录下。

- CharsetDefault：设置站点中的网页默认使用的字符集编码，如 UTF-8、gb2312 等。
- Include：包含另一个配置文件的内容，可以实现将一些特殊功能的配置放到一个单独的文件中，再使用 Include 配置项将其包含到 httpd.conf 文件中，这样便于独立进行配置功能的维护而不影响主配置文件。

以上配置项是 httpd.conf 文件中主要的全局配置项，还有其他很多配置项，在此不一一列举，如果需要使用可以查看 Apache 服务器中的相关帮助手册文档。

2. 区域配置项

除了全局配置项以外，httpd.conf 文件中的大多数配置是包括在区域中的。区域配置使用一对组合标记，限定了配置项的作用范围。例如，最常见的目录区域配置的形式如下所示。

```
<Directory />                          // 定义 "/" 目录区域的开始
  Options FollowSymLinks               // 控制选项，允许使用符号链接
  AllowOverride None                   // 不允许隐含控制文件中的覆盖配置
  Order deny,allow                     // 访问控制策略的应用顺序
  Deny from all                        // 禁止任何人访问此区域
</Directory>                           // 定义 "/" 目录区域的结束
```

在以上区域定义中，设置了一个根目录的区域配置，其中添加的访问控制相关配置只对根目录有效，而不会作用于全局或其他目录区域。

2.3 构建虚拟 Web 主机

虚拟 Web 主机指的是在同一台服务器中运行多个 Web 站点，其中的每一个站点实际上并不独自占用整个服务器，因此被称为“虚拟”Web 主机。通过虚拟 Web 主机服务可以充分利用服务器的硬件资源，从而大大降低网站构建及运行成本。

使用 httpd 可以非常方便地构建虚拟主机服务器，只需要运行一个 httpd 服务就能够同时支撑大量的 Web 站点。httpd 支持的虚拟主机类型包括以下三种。

- 基于域名：为每个虚拟主机使用不同的域名，但是其对应的 IP 地址是相同的。例如，www.kgc.com 和 www.kcce.com 站点的 IP 地址都是 173.17.17.11。这是使用最为普遍的虚拟 Web 主机类型。
- 基于 IP 地址：为每个虚拟主机使用不同的域名，且各自对应的 IP 地址也不相同。这种方式需要为服务器配备多个网络接口，因此应用并不是非常广泛。
- 基于端口：这种方式并不使用域名、IP 地址来区分不同的站点内容，而是使用不同的 TCP 端口号，因此用户在浏览不同的虚拟站点时需要同时指定端口号才能访问。

在上述几种虚拟 Web 主机中，基于域名的虚拟主机是使用最为广泛的，也是本节

介绍的重点。关于另外两种类型的虚拟主机，将只介绍其配置要点。另外，因不同类型的虚拟主机其区分机制各不相同，建议不要同时使用，以免相互混淆。

2.3.1 基于域名的虚拟主机

本小节以实现两个虚拟 Web 主机 www.kgc.com 和 www.kcce.com 为例，使用一台 httpd 服务器搭建，IP 地址为 173.17.17.11。具体构建过程介绍如下。

1. 为虚拟主机提供域名解析

首先需要向 DNS 服务提供商注册各虚拟 Web 站点的域名，以便当访问其中任何一个虚拟 Web 站点时，最终访问的都是同一个 IP 地址——实际支撑所有虚拟 Web 站点的服务器的 IP 地址。

在本小节的案例中，需要将两个虚拟 Web 主机 www.kgc.com 和 www.kcce.com 解析为同一个 IP 地址——173.17.17.11。而在实际的 httpd 服务器 173.17.17.11 中，可以使用虚拟 Web 站点中的任何一个作为主机名称，如 www.kgc.com。

实验过程中可以自行搭建测试用的 DNS 服务器。主配置文件 named.conf 中需要添加 kgc.com 和 kcce.com 两个区域；各区域的地址数据库中均设置“www-->173.17.17.11”的 A 记录，确认客户机能够正确解析到 www.kgc.com 和 www.kcce.com 的地址。例如，若要在 IP 地址为 173.17.17.2 的服务器中构建 BIND 服务，关键配置内容参考如下。

```
[root@dnssvr ~]# vi /var/named/chroot/etc/named.conf          //named 服务主配置
……                                                             // 省略部分内容
zone "kgc.com." IN {
     type master;
     file "kgc.com.zone";
};
zone "kcce.com." IN {
     type master;
     file "kcce.com.zone";
};
[root@dnssvr ~]# vi /var/named/chroot/var/named/kgc.com.zone
                                                               //kgc.com 区域配置
……                                                             // 省略部分内容
@       IN     NS     dnssvr.kgc.com.
dnssvr  IN     A      173.17.17.2
www     IN     A      173.17.17.11
[root@dnssvr ~]# vi /var/named/chroot/var/named/kcce.com.zone
                                                               //kcce.com 区域配置
……                                                             // 省略部分内容
@       IN     NS     dnssvr.kgc.com.
www     IN     A      173.17.17.11
```

2. 为虚拟主机准备网页文档

为每个虚拟 Web 主机准备网站目录及网页文档。为了测试方便，分别为每个虚拟

Web 主机提供包含不同内容的首页文件。例如，在 /var/www/html 目录下创建两个子文件夹 kgccom、kccecom，分别作为 www.kgc.com 和 www.kcce.com 的网站根目录，并分别编写测试网页文件。

```
[root@www ~]# mkdir /var/www/html/kgccom
[root@www ~]# mkdir /var/www/html/kccecom
[root@www ~]# echo "<h1>www.kgc.com</h1>" > /var/www/html/kgccom/index.html
[root@www ~]# echo "<h1>www.kcce.com</h1>" > /var/www/html/kccecom/index.html
```

3. 添加虚拟主机配置

在 httpd 服务器的主配置文件中，若要启用基于域名的虚拟 Web 主机，通常需要配置以下几个方面的内容。

- 监听地址：使用 NameVirtualHost 配置项指定提供虚拟主机服务的 IP 地址，也就是进行域名查询时各虚拟 Web 主机的 IP 地址，如 173.17.17.11。
- 虚拟主机区域：使用 <VirtualHost 监听地址 >……</VirtualHost> 区域配置，为每一个虚拟 Web 主机建立独立的配置内容。其中至少应包括虚拟主机的网站名称、网页根目录的配置项；其他（如管理邮箱、访问日志等）配置项可根据实际需要添加。
- 目录权限：使用 <Directory 目录位置 >……</Directory> 区域配置，为每一个虚拟 Web 主机的网站目录设置访问权限，如允许任何人访问。目录访问可以继承其父目录的授权许可，因此可以采取直接为父文件夹授予访问权限的方法来简化配置。

当虚拟 Web 主机的数量较多时，建议使用独立的虚拟主机配置文件，然后在 httpd.conf 文件中通过 Include 来加载这些配置，这样可以将对 httpd.conf 文件的改动减至最少，更方便配置内容的维护。

```
[root@www ~]# vi /usr/local/httpd/conf/extra/httpd-vhosts.conf
                                                    // 创建独立的配置文件
<Directory "/var/www/html">                         // 设置目录访问权限
  Order allow,deny
  Allow from all
</Directory>
NameVirtualHost 173.17.17.11                        // 设置虚拟主机监听地址
<VirtualHost 173.17.17.11>                          // 设置 kgc 虚拟站点区域
  DocumentRoot /var/www/html/kgccom
  ServerName www.kgc.com
  ErrorLog  logs/www.kgc.com.error_log
  CustomLog logs/www.kgc.com.access_log common
</VirtualHost>
<VirtualHost 173.17.17.11>                          // 设置 kcce 虚拟站点区域
  DocumentRoot /var/www/html/kccecom
  ServerName www.kcce.com
  ErrorLog  logs/www.kcce.com.error_log
  CustomLog logs/www.kcce.com.access_log common
```

```
</VirtualHost>
[root@www ~]# vi /usr/local/httpd/conf/httpd.conf
…… // 省略部分内容
Include conf/extra/httpd-vhosts.conf                    // 加载独立的配置文件
[root@www ~]# /usr/local/httpd/bin/apachectl restart    // 重启服务使新配置生效
```

4. 在客户机中访问虚拟 Web 主机

在客户机的浏览器中，使用网站名称分别访问不同的虚拟 Web 主机，确认能够看到不同的网页内容，此时表示基于域名的虚拟主机配置成功。若无法看到此结果，则需要检查两个站点的首页文件，根据上述过程排查配置错误，必要时清空浏览器缓存后重新访问。

2.3.2 基于 IP 地址、基于端口的虚拟主机

构建基于 IP 地址或基于端口的虚拟主机的过程与基于域名的虚拟主机类似，也需要先提供域名解析、准备网页文档，再调整 httpd 配置、重启 httpd 服务，然后在客户机中访问虚拟主机进行测试。其中最主要的区别是，不同类型的虚拟主机在 httpd.conf 文件中的配置内容略有不同。

1. 基于 IP 地址的虚拟主机

对于基于 IP 地址的虚拟主机，每个虚拟 Web 主机各自使用不同的 IP 地址，但是都通过同一台 httpd 服务器对外提供 Web 浏览服务。正因为如此，用来支撑这些虚拟 Web 主机的服务器也就需要有大量的网络接口，这在实际应用中往往不太方便，所以基于 IP 地址的虚拟主机并不像基于域名的虚拟主机那样应用广泛。

配置基于 IP 地址的虚拟 Web 主机时，不再使用 NameVirtualHost 配置项来指定监听服务的 IP 地址，而只在每个虚拟 Web 主机的 VirtualHost 配置项中指定各自域名对应的 IP 地址。例如，站点 www.kgc.com 的 IP 地址为 220.181.120.61，站点 www.kcce.com 的 IP 地址为 122.115.32.133，若要实现基于 IP 地址的虚拟 Web 主机，则可参考以下内容调整 httpd 服务器的配置。

```
[root@www ~]# vi /usr/local/httpd/conf/extra/httpd-vhosts.conf
<Directory "/var/www/html">
  Order allow,deny
  Allow from all
</Directory>
<VirtualHost 220.181.120.61>                    // 设置 kgc 虚拟站点区域
  DocumentRoot /var/www/html/kgccom
  ServerName www.kgc.com
  ……                                            // 省略部分内容
</VirtualHost>
<VirtualHost 122.115.32.133>                    // 设置 kcce 虚拟站点区域
  DocumentRoot /var/www/html/kccecom
  ServerName www.kcce.com
```

```
    ……                                          // 省略部分内容
</VirtualHost>
[root@www ~]# vi /usr/local/httpd/conf/httpd.conf
……                                              // 省略部分内容
Include conf/extra/httpd-vhosts.conf            // 加载独立的配置文件
```

注意

在做基于 IP 地址的虚拟主机实验时，为了简化操作、方便测试，各虚拟 Web 主机可以是同一个 DNS 区域的，使用的 IP 地址也可以是同一个网段的。例如，两个虚拟主机 www.kgc.com 和 ftp.kgc.com 使用的 IP 地址分别为 173.17.17.11 和 173.17.17.12，这样可以减少 DNS 配置和网段调整工作。

2. 基于端口的虚拟主机

基于端口的虚拟主机通常只用于同一个 Web 站点，其针对的网站名称、IP 地址往往是相同的，但通过不同的 TCP 端口来提供访问不同网页内容的服务入口。在浏览器中访问非 80 端口的 Web 服务器时，需要明确指出服务器的端口号，如访问 http://www.kcce.com:8353/。

配置基于端口的虚拟 Web 主机时，也不再需要使用 NameVirtualHost 配置项，而是通过多个 Listen 配置项来指定要监听的 TCP 端口号，每个虚拟 Web 主机的 VirtualHost 配置中应同时指定 IP 地址和端口号。

例如，若要实现当通过 80 端口访问 www.kcce.com 站点时，看到的是正常的 kcce 站点内容；而当通过 8353 端口访问 www.kcce.com 站点时，可以看到 kcce 站点的后台管理系统页面，则可参考以下内容调整 httpd 服务器的配置。

```
[root@www ~]# vi /usr/local/httpd/conf/extra/httpd-vhosts.conf
<Directory "/var/www/html">
    Order allow,deny
    Allow from all
</Directory>
<VirtualHost 173.17.17.11:80>
    DocumentRoot /var/www/html/kccecom          // 正常访问的网站目录
    ServerName www.kcce.com
    ……                                          // 省略部分内容
</VirtualHost>
<VirtualHost 173.17.17.11:8353>
    DocumentRoot /var/www/html/kccepad          // 后台管理系统的网站目录
    ServerName www.kcce.com
    ……                                          // 省略部分内容
</VirtualHost>
[root@www ~]# vi /usr/local/httpd/conf/httpd.conf
……                                              // 省略部分内容
```

```
Include conf/extra/httpd-vhosts.conf        // 加载独立的配置文件
Listen 173.17.17.11:80                      // 监听 80 端口
Listen 173.17.17.11:8353                    // 监听 8353 端口
```

2.4 MySQL 服务

MySQL 是一个真正的多线程、多用户的 SQL 数据库服务，凭借其高性能、高可靠和易于使用的特性，成为服务器领域中最受欢迎的开源数据库系统。在 2008 年以前，MySQL 项目由 MySQL AB 公司进行开发、发布和支持，之后历经 Sun 公司收购 MySQL AB 公司，Oracle 公司收购 Sun 公司的过程，目前 MySQL 项目由 Oracle 公司负责运营和维护。

本节将介绍 MySQL 的编译安装过程、服务控制方法，以及如何使用客户端工具访问 MySQL 数据库。

2.4.1 MySQL 的编译安装

为了确保 MySQL 数据库功能的完整性、可定制性，本小节将采用源代码编译的方式安装 MySQL 数据库系统。MySQL 5.X 系列版本的使用最为广泛，该版本的稳定性、兼容性都不错，这里将选用 mysql-5.5.22.tar.gz 为例，其官方站点为 http://www.mysql.com/。

1. 准备工作

（1）为了避免发生端口冲突、程序冲突等现象，建议先查询 MySQL 软件的安装情况，确认没有使用以 RPM 方式安装的 mysql-server、mysql 软件包，否则建议将其卸载。

```
[root@www ~]# rpm -q mysql-server mysql
package mysql-server is not installed
package mysql is not installed
[root@www ~]# rpm -ivh ncurses-devel-5.7-3.20090208.el6.x86_64.rpm
                    // 安装光盘自带的 ncurses-devel 包
```

（2）MySQL 5.5 需要 cmake 编译安装，所以先安装 cmake 包。

```
[root@www ~]# tar zxf cmake-2.8.6.tar.gz
[root@www ~]# cd cmake-2.8.6
[root@www cmake-2.8.6]# ./configure
[root@www cmake-2.8.6]# gmake && gmake install
```

2. 源码编译及安装

（1）创建运行用户

为了加强数据库服务的权限控制，建议使用专门的运行用户，如 mysql。此用户不需要直接登录到系统，可以不创建宿主文件夹。

```
[root@www ~]# groupadd  mysql
[root@www ~]# useradd -M -s /sbin/nologin mysql -g mysql
```

（2）解包

将下载的 mysql 源码包解压，释放到 /usr/src 目录下，并切换到展开后的源码目录。

```
[root@www ~]# tar zxf mysql-5.5.22.tar.gz -C /usr/src
[root@www ~]# cd /usr/src/mysql-5.5.22
```

（3）配置

在内容丰富、结构庞大的企业网站平台中，可能会用到多种字符集的网页，相应地数据库系统也应该支持不同的字符集编码。在配置过程中，可以将默认使用的字符集设置为 utf8，并添加对其他字符集的支持。

```
[root@www mysql-5.5.22]# cmake  -DCMAKE_INSTALL_PREFIX=/usr/local/mysql
-DSYSCONFDIR=/etc  -DDEFAULT_CHARSET=utf8 -DDEFAULT_COLLATION=utf8_general_ci
-DWITH_EXTRA_CHARSETS=all
```

上述配置命令中，各选项的含义如下。

- -DCMAKE_INSTALL_PREFIX：指定将 mysql 数据库程序安装到某目录下，如目录 /usr/local/ mysql。
- -DSYSCONFDIR：指定初始化参数文件目录。
- -DDEFAULT_CHARSET：指定默认使用的字符集编码，如 utf8。
- -DDEFAULT_COLLATION：指定默认使用的字符集校对规则，utf8_general_ci 是适用于 UTF-8 字符集的通用规则。
- -DWITH_EXTRA_CHARSETS：指定额外支持的其他字符集编码。

（4）编译并安装

```
[root@www mysql-5.5.22]# make
[root@www mysql-5.5.22]# make install
```

3. 安装后的其他调整

（1）对数据库目录进行权限设置

```
[root@www ~]# chown -R mysql:mysql /usr/local/mysql
```

（2）建立配置文件

在 MySQL 源码目录中的 support-files 文件夹下，提供了适合不同负载数据库的样本配置文件。如果不确定数据库系统的应用规模，一般选择 my-medium.cnf 文件即可，该文件能够满足大多数企业的中等应用需求。根据以下参考内容建立 MySQL 系统的 /etc/my.cnf 配置文件。

```
[root@www mysql-5.5.22]# rm -rf /etc/my.cnf    // 如果原来 etc 文件夹下有 my.cnf 文件可以删除
[root@www mysql-5.5.22]# cp support-files/my-medium.cnf /etc/my.cnf
```

（3）初始化数据库

为了能够正常使用 MySQL 数据库系统，应以运行用户 mysql 的身份执行初始化脚本 mysql_install_db，指定数据存放目录等。

```
[root@www mysql-5.5.22]# /usr/local/mysql/scripts/mysql_install_db
--user=mysql  --basedir=/usr/local/mysql  --datadir=/usr/local/mysql/data/
```

（4）设置环境变量

为了方便在任何目录下使用 mysql 命令，需要在 /etc/profile 设置环境变量。

```
[root@www mysql-5.5.22]# echo "PATH=$PATH:/usr/local/mysql/bin" >> /etc/ profile
[root@www mysql-5.5.22]# . /etc/profile                // 立即生效
```

4. 添加系统服务

若希望添加 mysqld 系统服务，以便通过 chkconfig 进行管理，可以直接使用源码包中提供的服务脚本。找到 support-files 文件夹下的 mysql.server 脚本文件，将其复制到 /etc/rc.d/init.d 目录下，并改名为 mysqld，然后再设置执行权限，通过执行“chkconfig”命令将其添加为 mysqld 系统服务。


```
[root@www mysql-5.5.22]# cp support-files/mysql.server /etc/rc.d/init.d/ mysqld
[root@www mysql-5.5.22]# chmod +x /etc/rc.d/init.d/mysqld
[root@www mysql-5.5.22]# chkconfig --add mysqld
```

这样，以后就可以使用 service 工具或直接执行 /etc/init.d/mysqld 脚本来控制 MySQL 数据库服务了。例如，若要启动 mysqld 服务，并查看其运行状态，可以执行以下操作。

```
[root@www mysql-5.5.22]# service mysqld start
Starting MySQL............              [ 确定 ]
[root@www mysql-5.5.22]# /etc/init.d/mysqld status
MySQL running (56956)                   [ 确定 ]
[root@www mysql-5.5.22]# netstat -anpt | grep mysqld
tcp    0  0 0.0.0.0:3306    0.0.0.0:*    LISTEN     56956/mysqld
```

MySQL 服务器默认通过 TCP 3306 端口提供服务。通过编辑 /etc/my.cnf 配置文件中 [mysqld] 配置段的“port = 3306”行，可以更改监听端口。

2.4.2 访问 MySQL 数据库

MySQL 数据库系统也是一个典型的 C/S（客户端 / 服务器）架构的应用，要访问 MySQL 数据库需要使用专门的客户端软件。在 Linux 系统中，最简单、易用的 MySQL 客户端软件是其自带的 mysql 命令工具。

1. 登录到 MySQL 服务器

经过安装后的初始化过程，MySQL 数据库的默认管理员用户名为“root”，密码为空。若要以未设置密码的 root 用户登录本机的 MySQL 数据库，可以执行以下操作。

```
[root@www ~]# mysql -u root                //"-u" 选项用于指定认证用户
```

在有密码的情况下，还应使用“-p”选项来进行密码校验。

```
[root@www ~]# mysql  -u root -p
Enter password:            // 根据提示输入正确的密码
```

2．执行 MySQL 操作语句

验证成功以后将会进入提示符为“mysql>”的数据库操作环境，用户可以输入各种操作语句对数据库进行管理。每一条 MySQL 操作语句以分号“;”结束，输入时可以不区分大小写，但习惯上将 MySQL 语句中的关键字部分大写。

下面分别介绍查看数据库、表结构的相关操作语句。

（1）查看当前服务器中有哪些库

SHOW DATABASES 语句用于查看当前 MySQL 服务器中包含的库。

```
mysql> SHOW DATABASES;
+--------------------+
| Database           |
+--------------------+
| information_schema |
| mysql              |
| performance_schema |
| test               |
+--------------------+
4 rows in set (0.00 sec)
```

（2）查看当前使用的库中有哪些表

SHOW TABLES 语句用于查看当前所在的库中包含的表。在操作之前，需要先使用 USE 语句切换到所使用的库。例如，执行以下操作可以显示 mysql 库中包含的所有表。

```
mysql> USE mysql;
Database changed
mysql> SHOW TABLES;
+---------------------------+
| Tables_in_mysql           |
+---------------------------+
| columns_priv              |
| db                        |
| event                     |
…… // 省略部分内容
| user                      |
+---------------------------+
24 rows in set (0.01 sec)
```

3．退出“mysql>”操作环境

在“mysql> ”操作环境中，执行“EXIT”或“QUIT”命令可以退出 mysql 命令工具，

返回原来的 Shell 环境。

```
mysql> EXIT
Bye
[root@www ~]#
```

2.5 构建 PHP 运行环境

PHP 即 Hypertext Preprocessor（超文本预处理语言）的缩写，是一种服务器端的 HTML 嵌入式脚本语言。PHP 混合了 C、Java、Perl 的语法及部分自创的新语法，拥有更好的网页执行速度，更重要的是 PHP 支持绝大多数流行的数据库，在数据库层面的操作功能十分强大，而且能够支持 UNIX、Windows、Linux 等多种操作系统。

本节将介绍如何构建 PHP 运行环境，以实现 LAMP 协同架构。其前提条件是服务器中已经编译安装好 Apache HTTP Server 和 MySQL 数据库。

2.5.1 安装 PHP 软件包

PHP 项目最初由 Rasums Lerdorf 在 1994 年创建，1995 年发布第一个版本 PHP1.0。本小节将以稳定版源码包 php-5.3.28.tar.gz 为例，该版本可以从 PHP 官方网站 http://www.php.net 下载。

下面介绍编译安装 PHP 相关软件包的基本过程。

1. 准备工作

为了避免发生程序冲突等现象，建议先将 RPM 方式安装的 php 及相关依赖包（如果已存在）卸载。例如，根据实际安装情况可卸载 php、php-cli、php-ldap、php-common、php-mysql 等。另外，需要安装 zlib-devel 和 libxml2-devel 包。

```
[root@www ~]# rpm -e php php-cli php-ldap php-common php-mysql --nodeps
[root@www ~]# rpm -ivh /media/RHEL_6.5\ x86_64\ Disc\1/Packages/zlib-devel- 1.2.3-29.el6.
x86_64.rpm
[root@www ~]# rpm -ivh /media/RHEL_6.5\ x86_64\ Disc\ 1/Packages/libxml2-devel- 2.7.6-14.el6.
x86_64.rpm
```

2. 安装扩展工具库

在实际企业应用中，一部分基于 PHP 开发的 Web 应用系统会需要额外的扩展工具，如数据加密工具 libmcrypt、mhash、mcrypt 等（可以从站点 http://sourceforge.net 下载）。安装 php 软件包之前，应先安装好这些扩展工具程序。

（1）安装 libmcrypt

```
[root@www ~]# tar zxf libmcrypt-2.5.8.tar.gz -C /usr/src/
[root@www ~]# cd /usr/src/libmcrypt-2.5.8/
```

```
[root@www libmcrypt-2.5.8]# ./configure
[root@www libmcrypt-2.5.8]# make && make install
[root@www libmcrypt-2.5.8]# ln -s /usr/local/lib/libmcrypt.* /usr/lib/
```

（2）安装 mhash

```
[root@www ~]# tar zxf mhash-0.9.9.9.tar.gz -C /usr/src/
[root@www ~]# cd /usr/src/mhash-0.9.9.9/
[root@www mhash-0.9.9.9]# ./configure
[root@www mhash-0.9.9.9]# make && make install
[root@www mhash-0.9.9.9]# ln -s /usr/local/lib/libmhash* /usr/lib/
```

（3）安装 mcrypt

```
[root@www ~]# tar zxf mcrypt-2.6.8.tar.gz -C /usr/src/
[root@www ~]# cd /usr/src/mcrypt-2.6.8/
[root@www mcrypt-2.6.8]# ./configure
[root@www mcrypt-2.6.8]# export LD_LIBRARY_PATH=/usr/local/lib
:$LD_LIBRARY_PATH                              //解决 configure 配置报错
[root@www mcrypt-2.6.8]# ./configure
[root@www mcrypt-2.6.8]# make && make install
```

3. 编译安装 PHP

（1）解包

将下载获得的 PHP 源码包解压并释放到 /usr/src 目录下，切换到展开后的源码目录。

```
[root@www ~]# tar zxf php-5.3.28.tar.gz -C /usr/src
[root@www ~]# cd /usr/src/php-5.3.28
```

（2）配置

在定制 PHP 的配置选项时，最关键的是要指定 httpd、mysqld 的安装路径，以便添加相关支持设置，使 LAMP 各组件协同工作。除此之外，还可以指定安装路径，启用多字节支持、加密扩展支持等。

```
[root@www php-5.3.28]# ./configure --prefix=/usr/local/php5
--with-mcrypt --with-apxs2=/usr/local/httpd/bin/apxs
--with-mysql=/usr/local/mysql  --with-config-file-path=/usr/local/php5
--enable-mbstring
```

上述配置命令中，各选项的含义如下。

- --prefix：指定将 PHP 程序安装到哪个目录下，如 /usr/local/php5。
- --with-mcrypt：加载数据加密等扩展工具支持。
- --with-apxs2：设置 Apache HTTP Server 提供的 apxs 模块支持程序的文件位置。
- --with-mysql：设置 MySQL 数据库服务程序的安装位置。
- --with-config-file-path：设置 PHP 的配置文件 php.ini 将要存放的位置。
- --enable-mbstring：启用多字节字符串功能，以便支持中文等代码。

（3）编译及安装

```
[root@www php-5.3.28]# make
[root@www php-5.3.28]# make install
```

编译的过程可能会需要较长时间，需耐心等待。若期间未出现错误，那么 PHP 程序的安装过程就基本完成了。接下来需要对 LAMP 组件环境进行适当的配置，并验证是否能够协同工作。

2.5.2 设置 LAMP 组件环境

设置 LAMP 组件环境，主要包括对 PHP 的配置文件 php.ini、Apache 的配置文件 httpd.conf 的调整。前者用来确定 PHP 的运行参数，后者用来加载 libphp5.so 模块，以便支持 PHP 网页。

1. php.ini 配置调整

（1）php.ini 的建立及基本设置

安装好 PHP 软件包以后，服务器并不会自动创建 php.ini 配置文件，但在源码目录下提供了两个样例配置文件，分别对应于开发环境、生产环境。

```
/usr/src/php-5.3.28/php.ini-development          //开发版样例文件，用于学习、测试
/usr/src/php-5.3.28/php.ini-production           //生产版样例文件，用于实际运营
```

选择其中一个样例文件，并复制到 PHP 的配置文件目录 /usr/local/php5 下，并改名为 php.ini。在 php.ini 配置文件中，以分号开头的内容表示注释信息。

```
[root@www ~]# cp /usr/src/php-5.3.28/php.ini-development /usr/local/php5/php.ini
[root@www ~]# grep -v "^;" /usr/local/php5/php.ini  | grep -v "^$"
[PHP]
engine = On
short_open_tag = Off
asp_tags = Off
……                                               //省略部分内容
```

通过修改 php.ini 文件中的配置内容，可以控制 PHP 网页的执行特性，如是否允许用户上传文件、设置上传文件的大小限制、设置默认使用的字符集、加载额外的扩展模块等。如果没有特别要求，可以直接沿用默认配置，不做任何修改。

```
[root@www ~]# vi /usr/local/php5/php.ini
…… /                                             //省略部分内容
default_charset = "utf-8"                        //设置默认字符集为 utf-8
file_uploads = On                                //允许通过 PHP 网页上传文件
upload_max_filesize = 2M                         //允许上传的文件大小限制
max_file_uploads = 20                            //每个 HTTP 最多允许请求上传的文件数
post_max_size = 8M                               //每次通过表单 post 提交的数据量限制
short_open_tag = On                              //允许识别 PHP 短语法标记，即 <?…?>
```

（2）添加 ZendGuardLoader 优化模块

为了进一步提高 PHP 程序的执行效率，优化页面加载速度，可以为 PHP 添加 Zend 公司开发的 ZendGuardLoader 优化模块。若需要加密 PHP 代码以限制未经授权的分发，还可以购买该公司的 ZendGuard 软件。

ZendGuardLoader 优化模块适用于 PHP5.3 系列版本，该模块可以从 Zend 公司的官方网站 http://www.zend.com 下载。若使用 PHP5.2 系列版本，应改用较早的 ZendOptimizer。为 PHP 安装及添加 ZendGuardLoader 模块支持的过程如下所述。

首先将下载的 ZendGuardLoader 包释放，并将其中 php-5.3.x 目录下的模块文件复制到 PHP 程序的模块文件夹。

```
[root@www ~]# tar zxf ZendGuardLoader-php-5.3-linux-glibc23-x86_64.tar.gz -C /usr/src/
[root@www ~]# cd /usr/src/ZendGuardLoader-php-5.3-linux-glibc23-x86_64/php-5.3.x/
[root@www php-5.3.x]# cp ZendGuardLoader.so /usr/local/php5/lib/php
```

然后修改 php.ini 配置文件，添加加载及启用 ZendGuardLoader.so 模块的配置语句。

```
[root@www php-5.3.x]# vi /usr/local/php5/php.ini
……                                                    //省略部分内容
zend_extension=/usr/local/php5/lib/php/ZendGuardLoader.so
zend_loader.enable=1
```

2．httpd.conf 配置调整

要使 httpd 服务器支持 PHP 页面解析功能，需通过 LoadModule 配置项加载 PHP 程序的模块文件，并通过 AddType 配置项添加对“.php”类型网页文件的支持。除此以外，还应修改 DirectoryIndex 配置行，添加 index.php 配置项，以识别常见的 PHP 首页文件。

```
[root@www ~]# vi /usr/local/httpd/conf/httpd.conf
……                                                    //省略部分内容
LoadModule php5_module   modules/libphp5.so
AddType application/x-httpd-php .php
DirectoryIndex index.php index.html
[root@www ~]# /usr/local/httpd/bin/apachectl restart     //重启服务以更新配置
```

在上述配置内容中，LoadModule 行应该会在安装 PHP 的过程中自动添加，其中的“php5_module”表示模块名称，“modules/libphp5.so”表示模块文件位置。而 AddType 行需要手动添加，DirectoryIndex 行在原有基础上对其进行修改即可。

2.5.3　测试 LAMP 协同工作

完成 PHP 相关软件的安装、调整配置以后，应对其进行必要的功能测试，以验证 LAMP 平台各组件是否能够协同运作。在网站根目录下创建相应的 PHP 测试网页，然后通过浏览器进行访问，根据显示结果即可判断 LAMP 平台是否构建成功。

下面分别从 PHP 网页的解析、通过 PHP 页面访问 MySQL 数据库两个方面进行测试。

要想测试 PHP 环境是否能够正常工作，需要建立一个使用 PHP 语言编写的网页文件，并通过 httpd 服务器发布，在浏览器中对其进行访问。由于 PHP 语言并非本章学习的重点，这里不做过多的讲解。用于测试时，只需要建立一个简短的 PHP 测试文件即可。

1. 测试 PHP 网页能否正确显示

编写一个“.php”格式的测试网页文件，使用 PHP 内建的“phpinfo()”函数显示服务器的 PHP 环境信息，PHP 代码应包括在“<?php …?>”标记之间。将测试网页文件放置到网站根目录下，如 /usr/local/httpd/htdocs/test1.php。

```
[root@www ~]# vi /usr/local/httpd/htdocs/test1.php
<?php
phpinfo( );
?>
```


然后通过浏览器访问测试网页，如 http://www.kgc.com/test1.php。若能够看到 PHP 程序的版本号、配置命令、运行变量等相关信息，如图 2.1 所示，则表示此 Web 服务器已经能正常显示 PHP 网页；若还能看到 Zend 引擎相关信息，则表示 ZendGuardLoader 模块也已成功启用。

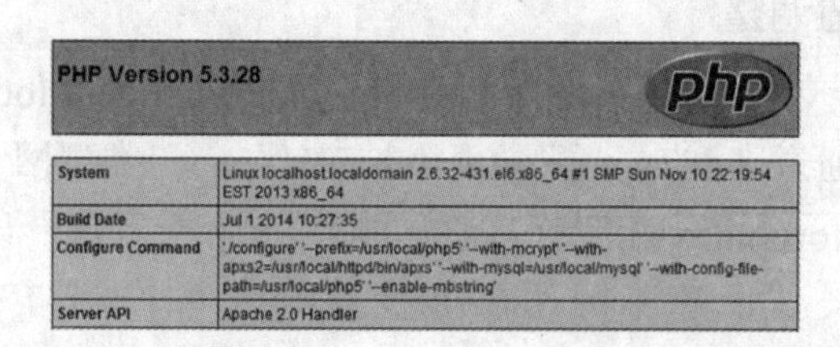
PHP Version 5.3.28

System	Linux localhost.localdomain 2.6.32-431.el6.x86_64 #1 SMP Sun Nov 10 22:19:54 EST 2013 x86_64
Build Date	Jul 1 2014 10:27:35
Configure Command	'./configure' '--prefix=/usr/local/php5' '--with-mcrypt' '--with-apxs2=/usr/local/httpd/bin/apxs' '--with-mysql=/usr/local/mysql' '--with-config-file-path=/usr/local/php5' '--enable-mbstring'
Server API	Apache 2.0 Handler

图 2.1　PHP 网页能够正确显示

2. 测试 PHP 网页能否访问 MySQL 数据库

再编写一个测试网页文件 test2.php，添加简单的数据库操作命令，用于验证与 MySQL 服务器的连接、查询等操作。其中，“mysql_connect()”函数用于连接 MySQL 数据库，需要指定目标主机地址，以及授权访问的用户名、密码。

```
[root@www ~]# vi /usr/local/httpd/htdocs/test2.php
<?php
$link=mysql_connect('localhost','root','123456');          // 连接 MySQL 数据库
if($link) echo " 恭喜你 , 数据库连接成功啦 !!";              // 连接成功时的反馈消息
mysql_close();                                              // 关闭数据库连接
?>
```

然后通过浏览器访问测试网页，如 http://www.kgc.com/test2.php。若能看到成功连接的提示信息，则表示能够通过 PHP 网页访问 MySQL 数据库。当使用了错误的用户名、密码，或者因“mysql_connect()”函数未运行而导致连接失败时，执行时将会报错。

2.6 LAMP 架构应用实例

在企业 Web 应用系统中，动态网站已经逐步成为主流，而基于 LAMP 架构的 Web 动态网站更是其中的佼佼者。本节将介绍一个 LAMP 架构协同应用的实例——phpMyAdmin 管理套件的部署及使用。

2.6.1 部署 phpMyAdmin 系统

phpMyAdmin 是一个使用 PHP 语言编写，用来管理 MySQL 数据库的 Web 应用系统。通过该套件提供的网页界面，即便是对 SQL 语句不太熟悉的人，也能够非常容易地对 MySQL 数据库进行管理和维护。

phpMyAdmin 的源码包可以从其官方网站 http://www.phpmyadmin.net 下载。下面以多国语言版源码包 phpMyAdmin-4.2.5-all-languages.tar.gz 为例，介绍 phpMyAdmin 套件的部署过程。

1．解包并复制到网站目录

对于大部分 PHP 应用系统，只需要解包后复制到网站目录下即可完成部署，之后再根据需要调整配置，或者访问安装页面以完成进一步的安装。例如，若要将 phpMyAdmin 套件部署到网站根目录下，以便通过站点 http://www.kgc.com/phpMyAdmin/ 访问，可以参考以下内容。

```
[root@www ~]# tar zxf phpMyAdmin-4.2.5-all-languages.tar.gz
[root@www ~]# mv phpMyAdmin-4.2.5-all-languages/ /usr/local/httpd/htdocs/ phpMyAdmin
```

2．建立配置文件 config.inc.php

将 phpMyAdmin 套件复制到网站目录以后，还需要创建配置文件方可正常使用。默认提供的样例配置文件为 config.sample.inc.php，需参照该文件内容建立 config.inc.php 配置文件。查找配置文件中的“blowfish_secret”行，默认已经设置了一个短语密钥（此密钥用于网页 cookie 认证，不需要用户记忆），可以根据需要自行修改。

```
[root@www ~]# cd /usr/local/httpd/htdocs/phpMyAdmin
[root@www phpMyAdmin]# cp config.sample.inc.php config.inc.php
```

3．访问 phpMyAdmin 的 Web 管理界面

在浏览器中访问 http://www.kgc.com/phpMyAdmin/，如果能够看到 phpMyAdmin 系统的登录界面，如图 2.2 所示，则表示部署成功。使用 MySQL 数据库的用户（不能是密码为空的用户）登录后，即可在授权范围内对数据库进行管理。

图 2.2　phpMyAdmin 的登录界面

2.6.2　使用 phpMyAdmin 系统

需要使用 phpMyAdmin 系统时，应先通过 MySQL 服务器中授权的数据库用户（如 root 用户）进行登录，认证成功后可以看到管理界面，如图 2.3 所示。通过 phpMyAdmin 套件，用户可以在授权的范围内执行各种数据库管理操作，使界面更加直观、友好，大大降低了远程维护 MySQL 数据库服务器的难度。

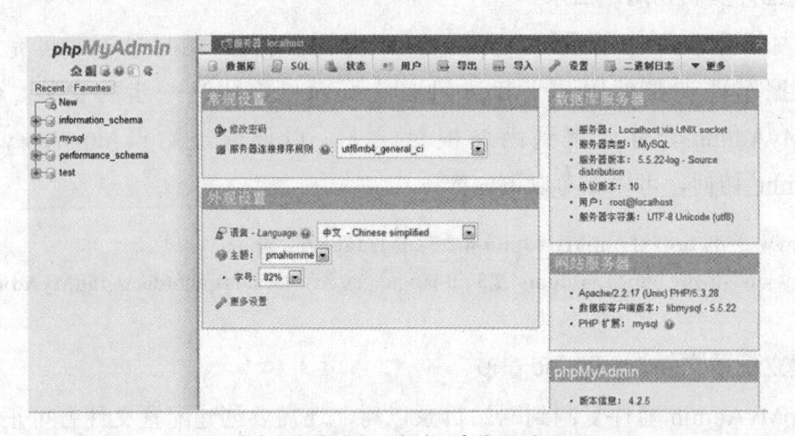

图 2.3　phpMyAdmin 的管理界面

管理页面的初始界面是一个典型的分栏结构，左侧部分包括一排导航按钮（主页、退出、查询、帮助、SQL 文档）和库列表；右侧部分是主体窗口，其中显示了若干标签、操作面板、界面控制等组件，以及 MySQL、网站服务器、phpMyAdmin 的版本信息。

下面仅简单介绍 phpMyAdmin 系统中几个常见的数据库操作，更多的操作方法需要大家自行去探索和实践。

1. 创建新的库、新的表

若要创建新的库，可以选择右侧的“数据库”标签，然后在下方的“新建数据库”区域进行操作，如图 2.4 所示。例如，指定新建的库名称为“kgc”，使用的校对规则选择 utf8_general_ci，然后单击“创建”按钮即可新建 kgc 库。

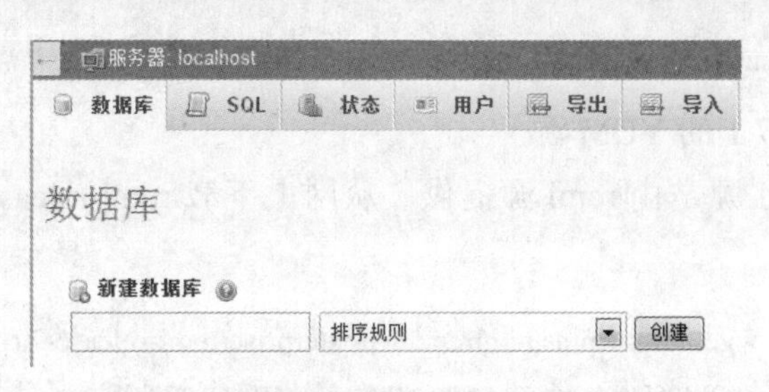

图 2.4 创建新的库

返回管理界面主页，选择左侧列表中新建的 kgc 库，在右侧的“结构”标签页下方，可以输入新的表名、字段数，单击“执行”按钮；然后根据页面内容设置各字段的名称、类型（对于要包含中文数据的字段，类型应选用“文本”栏下的 CHAR、VCHAR 等）、长度等要素后，单击“保存”按钮即可新建指定的表。

2. 表及数据记录的管理

选中指定库中的表，可以分别进行浏览数据、修改表结构、搜索数据、插入数据等操作。

值得注意的是，如果数据库、表中需要记录包含中文的数据，应确保 LAMP 平台各组件使用相同的字符集（如 UTF-8），否则可能会出现乱码的情况。在编码一致的前提下，新建数据库、表，以及插入、浏览记录时，都可以正常使用中文。

3. 直接执行 MySQL 查询语句

单击右侧的“SQL”标签，可以打开 SQL 查询窗口。在该窗口中，可以直接输入 MySQL 操作语句，并通过单击右下方的“执行”按钮来完成相应的管理任务。

2.7 CentOS 7 构建 LAMP 平台

本节介绍如何使用 YUM 仓库基于 CentOS 7.3 安装最新版本来搭建 LAMP 环境。

1. 准备工作

```
[root@localhost ~]# cat /etc/redhat-release
CentOS Linux release 7.3.1611 (Core)
```

（1）配置 MySQL 5.7 的 YUM 源

从官网 http://dev.mysql.com/downloads/mysql/ 上下载 MySQL 的 YUM 源，这里下载的是 mysql57-community-release-el7-9.noarch.rpm。

```
[root@localhost ~]# rpm -vih mysql57-community-release-el7-9.noarch.rpm l7-9.noarch.rpm
warning: mysql57-community-release-el7-9.noarch.rpm: Header V3 DSA/SHA1 Signature, key ID 
5072e1f5: NOKEY
Preparing...                ################################# [100%]
Updating / installing...
```

```
  1:mysql57-community-release-el7-9  ################################### [100%]
```

（2）配置 PHP 7.1 的 YUM 源

PHP 7.1 的 YUM 源是由 remi 源提供，从网上下载 remi-release-7.rpm 软件包安装 remi 源。

```
[root@localhost ~]# wget http://rpms.remirepo.net/enterprise/remi-release-7.rpm
[root@localhost ~]# yum install epel-release   //remi 源依赖于 epel 源
[root@localhost ~]# rpm -vih remi-release-7.rpm
warning: remi-release-7.rpm: Header V4 DSA/SHA1 Signature, key ID 00f97f56: NOKEY
Preparing...                    ################################### [100%]
Updating / installing...
  1:remi-release-7.2-1.el7.remi       ################################### [100%]
[root@localhost ~]# vi /etc/yum.repos.d/remi-php71.repo   // 开启 php7.1 仓库，默认关闭
enabled=1
```

（3）验证 YUM 仓库配置可用

```
[root@localhost ~]# yum repolist
Loaded plugins: fastestmirror
Loading mirror speeds from cached hostfile
 * base: mirrors.btte.net
 * epel: ftp.cuhk.edu.hk
 * extras: mirrors.btte.net
 * remi-php71: mirrors.tuna.tsinghua.edu.cn
 * remi-safe: mirrors.tuna.tsinghua.edu.cn
 * updates: mirrors.btte.net
repo id                       repo name   status
base/7/x86_64                    CentOS-7 -   9,363
epel/x86_64                     Extra Packa 11,145
extras/7/x86_64                   CentOS-7 -    263
mysql-connectors-community/x86_64 MySQL Conne     30
mysql-tools-community/x86_64      MySQL Tools     43
mysql57-community/x86_64         MySQL 5.7 C    166
remi-php71                      Remi's PHP     309
remi-safe                      Safe Remi' s  2,000
updates/7/x86_64                  CentOS-7 -    807
repolist: 24,126
```

2. 安装相关软件包

使用 YUM 仓库分别安装 Apache、MySQL 与 PHP 的软件包。需要注意的是，在 PHP 7.1 版本中，PHP 与 MySQL 数据库的连接交由 mysqlnd 驱动管理，它是优化过的 MySQL 驱动，提供了更快的执行速度与更少的内存消耗。

```
[root@localhost ~]# yum install httpd mysql-server php php-mysqlnd
```

分别启动 Apache 和 MySQL 服务。

```
[root@localhost ~]# systemctl start httpd
[root@localhost ~]# systemctl enable httpd
[root@localhost ~]# systemctl start mysqld
[root@localhost ~]# systemctl enable mysqld
```

3. 配置 MySQL

MySQL 5.7 在安装过程中会随机生成登录数据库的 root 账户、密码，在使用前需要先对此密码进行修改。

在 MySQL 的日志中查找此密码，使用 mysqladmin 工具进行密码的修改。

```
[root@localhost ~]# grep "password" /var/log/mysqld.log
2017-02-10T05:26:35.712898Z 1 [Note] A temporary password is generated for root@localhost:
jJ8_*j*<w#oE
[root@localhost ~]# mysqladmin -u root -p password
Enter password:
New password:
Confirm new password:
Warning: Since password will be sent to server in plain text, use ssl connection to ensure password safety.
```

4. 检查 Apache 和 PHP

使用 YUM 仓库进行安装的 LAMP 环境 Apache 已经支持 PHP 模块。

```
[root@localhost ~]# grep php /etc/httpd/conf.d/php.conf |grep -v "#"
AddType text/html .php
DirectoryIndex index.php
<IfModule  mod_php7.c>
   <FilesMatch \.php$>
      SetHandler application/x-httpd-php
   php_value session.save_handler "files"
   php_value session.save_path   "/var/lib/php/session"
php_value soap.wsdl_cache_dir  "/var/lib/php/wsdlcache"
```

5. 测试 PHP 程序是否正常运行

利用 phpinfo() 运行指令，创建测试页面，若显示 PHP 服务器的配置信息，则表示 PHP 程序运行正常，如图 2.5 所示。

```
[root@localhost ~]# vi /var/www/html/index.php
<?php
phpinfo();
?>
[root@localhost ~]# firefox http://localhost
```

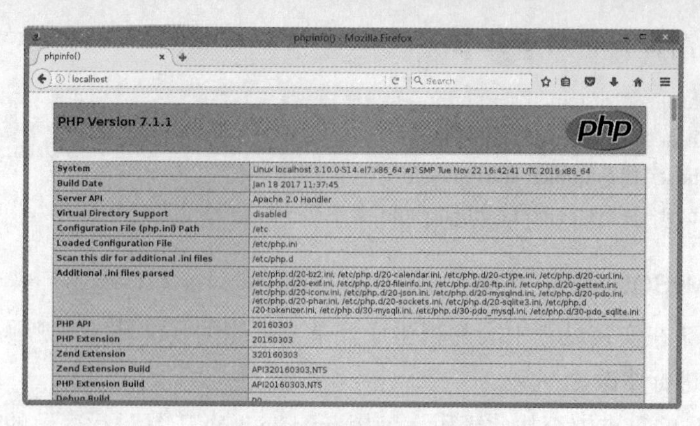

图 2.5　测试 PHP 程序正常运行

利用 mysqli 函数创建测试页面，查看 PHP 是否能够与 MySQL 数据库正常连接，如图 2.6 所示。


```
[root@localhost ~]# vi /var/www/html/test.php
<?php
$servername = "localhost";
$username = "root";
$password = "H@o123.com";
// 创建连接
$conn = mysqli_connect($servername, $username, $password);
// 检测连接
if (!$conn) {
   die("Connection failed: " . mysqli_connect_error());
}
echo "ok!MySQL 已连接！ ";
?>

[root@localhost ~]# firefox http://localhost/test.php
```

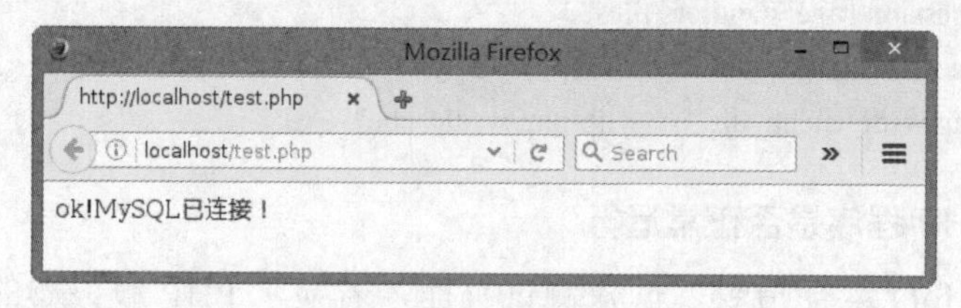

图 2.6　测试 PHP 与 MySQL 是否正常连接

本章总结

- LAMP 架构组件包括 Linux 操作系统、Apache 网站服务器、MySQL 数据库服务器、PHP（或 Perl、Python）网页编程语言。

- httpd 服务器的主配置文件是 httpd.conf，通过 Include 配置项可以加载其他配置文件。
- httpd 服务支持三种类型的虚拟 Web 主机，分别是基于域名、基于 IP 地址、基于端口的虚拟主机。
- 安装 PHP 软件包时，通过 --with-apxs2、--with-mysql 配置选项分别可指定 httpd、mysql 的相关路径。
- 要使 httpd 服务支持 PHP 网页，应编辑 httpd.conf 文件，确认加载 libphp5.so 模块，并添加“.php”类型文件的识别。
- phpMyAdmin 是一个使用 PHP 语言编写，用来管理 MySQL 数据库的 Web 应用系统。
- 使用 YUM 仓库基于 CentOS 7.3 安装最新版本来搭建 LAMP 环境。

本章作业

1．简述 LAMP 架构的含义，及各组件的安装顺序。

2．编译前配置 PHP 软件包时，应使用哪些选项以支持与 httpd、mysqld 协同工作？

3．在 PHP 配置 php.ini 文件过程中，如何限制网站用户上传文件的大小、数量？

4．构建 PHP 运行环境的过程中，访问测试网页 test2.php 时出现“Access denied for user …”的警告信息，如图 2.7 所示，试分析可能的原因是什么。

```
Warning: mysql_connect() [function.mysql-connect]: Access denied for
user 'root'@'localhost' (using password: YES)
in /usr/local/httpd/htdocs/test2.php on line 2

Warning: mysql_close(): no MySQL-Link resource supplied
in /usr/local/httpd/htdocs/test2.php on line 4
```

图 2.7　访问 PHP 测试网页时报错

5．基于 CentOS 7.3 系统源码安装构建 LAMP 平台，并部署 phpMyAdmin 最新版本，如 4.6.6。

6．用课工场 APP 扫一扫完成在线测试，快来挑战吧！

随手笔记

第3章

Apache 配置与应用

技能目标

- 理解 Apache 连接保持
- 掌握 Apache 的访问控制
- 掌握 Apache 日志管理的方法

本章导读

Apache HTTP Server 之所以受到众多企业的青睐，得益于其代码开源、跨平台、功能模块化、可灵活定制等诸多优点，其不仅性能稳定，在安全性方面的表现也十分出色。

本章将进一步学习 httpd 服务器的相关知识。

APP 扫码看视频

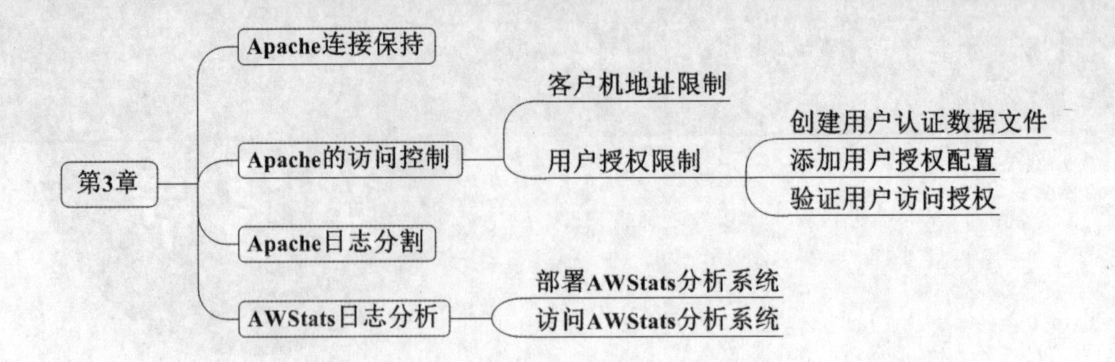

3.1 Apache 连接保持

HTTP 是属于应用层的面向对象协议，是基于 TCP 协议之上的可靠传输。每次在进行 HTTP 连接之前，需要先进行 TCP 连接，在 HTTP 连接结束后要对 TCT 连接进行终止，每个 TCP 连接都需要进行三次握手与四次断开。HTTP 协议不会对之前发生过的请求和响应进行管理，所以建立与关闭连接对于 HTTP 而言会消耗更多的内存与 CPU 资源。能不能允许通过同一个 TCP 连接发出多个请求，从而减少与多个连接相关的延迟，解决办法就是连接保持。

对于 HTTP/1.1，就是尽量地保持客户端的连接，通过一个连接传送多个 HTTP 请求响应，对于客户端可以提高 50% 以上的响应时间，对于服务器可以降低资源开销。

Apache 通过设置配置文件 httpd-default.conf 中相关的连接保持参数来开启与控制连接保持功能。

（1）KeepAlive 决定是否打开连接保持功能，后面接 OFF 表示关闭，接 ON 表示打开。可以根据网站的并发请求量决定是否打开，即在高并发时打开连接保持功能，并发量不高时关闭此功能。

（2）KeepAliveTimeout 表示一次连接多次请求之间的最大间隔时间，即两次请求之间超过该时间，连接就会自动断开，从而避免客户端占用连接资源。

（3）在一次长连接中可以传输的最大请求数量可以使用 MaxKeepAliveRequstes 设置，超过此最大请求数量就会断开连接。最大值的设置决定于网站中网页的内容，一般设置数量会多于网站中所有的元素。

3.2 Apache 的访问控制

为了更好地控制对网站资源的访问，可以为特定的网站目录添加访问授权。本节将分别介绍客户机地址限制、用户授权限制，这两种访问控制方式都应用于 httpd.conf 配置文件中的目录区域 <Directory 目录位置 > …… </Directory> 范围内。

3.2.1 客户机地址限制

通过配置项 Order、Deny from、Allow from，可以根据客户机的主机名或 IP 地址来决定是否允许客户端访问。其中，Order 配置项用于设置限制顺序，Deny from 和 Allow from 配置项用于设置具体限制内容。

Order 配置项可以设置为“allow,deny”或“deny,allow”，以决定主机应用“允许”和“拒绝”策略的先后顺序。

- allow,deny：先“允许”后“拒绝”，默认拒绝所有未明确允许的客户机地址。
- deny,allow：先“拒绝”后“允许”，默认允许所有未明确拒绝的客户机地址。

使用 Allow from 和 Deny from 配置项时，需要设置客户机地址以构成完整的限制策略，地址的形式可以是 IP 地址、网络地址、主机名或域名，使用名称“all”时表示任意地址。限制策略的格式如下所示。

```
Deny from address1 address2 …
Allow from address1 address2 …
```

通常情况下，网站服务器是对所有客户机开放的，网页文档目录并未做任何限制，因此使用的是“Allow from all”的策略，表示允许从任何客户机访问，策略格式如下所示。

```
<Directory "/usr/local/httpd/htdocs">
  …… // 省略部分内容
  Order allow,deny
  Allow from all
</Directory>
```

需要使用“仅允许”的限制策略时，应将处理顺序改为“allow,deny”，并明确设置允许策略，只允许一部分主机访问。例如，若只希望网段 192.168.0.0/24 和 192.168.1.0/24 能够访问，则目录区域应做如下设置。

```
<Directory “/usr/local/httpd/htdocs/wwwtest”>
  …… // 省略部分内容
  Order allow,deny
  Allow from 192.168.0.0/24 192.168.1.0/24
</Directory>
```

反之，需要使用“仅拒绝”的限制策略时，应将处理顺序改为“deny,allow”，并明确设置拒绝策略，只禁止一部分主机访问。例如，若只希望禁止来自两个内网网段 192.168.0.0/24 和 192.168.1.0/24 的主机访问，但允许其他任何主机访问，可以使用如下限制策略。

```
<Directory “/usr/local/httpd/htdocs/wwwroot”>
  …… // 省略部分内容
  Order deny,allow
  Deny from 192.168.0.0/24 192.168.1.0/24
</Directory>
```

当通过未被授权的客户机访问网站目录时，将会被拒绝访问。

3.2.2 用户授权限制

httpd 服务器支持使用摘要认证（Digest）和基本认证（Basic）两种方式。使用摘要认证需要在编译 httpd 之前添加“--enable-auth-digest”选项，但并不是所有的浏览器都支持摘要认证；而基本认证是 httpd 服务的基本功能，不需要预先配置特别的选项。

基于用户的访问控制包含认证（Authentication）和授权（Authorization）两个过程。认证是指识别用户身份的过程，授权是指允许特定用户访问特定目录区域的过程。下面将以基本认证方式为例，添加用户授权限制。

1. 创建用户认证数据文件

httpd 的基本认证通过校验用户名、密码组合来判断是否允许用户访问。授权访问的用户账号需要事先建立，并保存在固定的数据文件中。使用专门的 htpasswd 工具程序，可以创建授权用户数据文件，并维护其中的用户账号。

使用 htpasswd 工具时，必须指定用户数据文件的位置，添加“-c”选项表示新建此文件。例如，执行以下操作可以新建数据文件 /usr/local/httpd/conf/.awspwd，其中包含一个名为 webadmin 的用户信息。


```
[root@www ~]# cd /usr/local/httpd/
[root@www httpd]# bin/htpasswd -c /usr/local/httpd/conf/.awspwd webadmin
New password:                                              // 根据提示设置密码
Re-type new password:
Adding password for user webadmin
[root@www httpd]# cat /usr/local/httpd/conf/.awspwd   // 确认用户数据文件
webadmin:2tmD3LVFynBAE
```

若省略“-c”选项，则表示指定的用户数据文件已经存在，用于添加新的用户或修改现有用户的密码。例如，需要向 .awspwd 数据文件中添加一个新用户 kcce 时，可以执行以下操作。

```
[root@www httpd]# bin/htpasswd /usr/local/httpd/conf/.awspwd kcce
New password:
Re-type new password:
Adding password for user kcce
[root@www httpd]# cat /usr/local/httpd/conf/.awspwd   // 确认用户数据文件
webadmin:2tmD3LVFynBAE
kcce:In2Xw/K0Gc.oA
```

2. 添加用户授权配置

有了授权用户账号以后，还需要修改 httpd.conf 配置文件，在特定的目录区域中添加授权配置，以启用基本认证并设置允许哪些用户访问。例如，若只允许 .awspwd

数据文件中的某一用户访问系统，可以执行以下操作。

```
[root@www ~]# vi /usr/local/httpd/conf/httpd.conf
……                                                    // 省略部分内容
<Directory "/usr/local/httpd/htdocs/autest">
  ……                                                  // 省略部分内容
  AuthName "Auth Directory"
  AuthType Basic
  AuthUserFile /usr/local/httpd/conf/.awspwd
  require valid-user
</Directory>
[root@www ~]# /usr/local/httpd/bin/apachectl restart   // 重启服务使新配置生效
```

在上述配置内容中，相关配置项的含义如下。

- AuthName：定义受保护的领域名称，该内容将在浏览器弹出的认证对话框中显示。
- AuthType：设置认证的类型，Basic 表示基本认证。
- AuthUserFile：设置用于保存用户账号、密码的认证文件路径。
- require valid-user：要求只有认证文件中的合法用户才能访问。其中，valid-user 表示所有合法用户，若只授权给单个用户，可改为指定的用户名（如 webadmin）。

3. 验证用户访问授权

当访问系统时，浏览器会首先弹出认证对话框，如图 3.1 所示。只有输入正确的用户名和密码后才能查看日志分析报告，否则将拒绝访问。

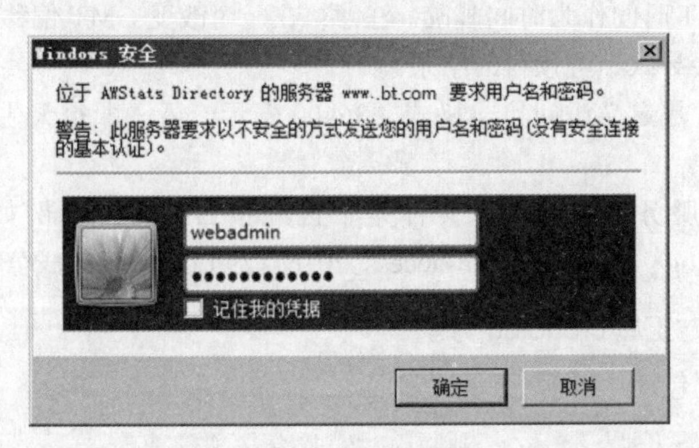

图 3.1 认证对话框

3.3 Apache 日志分割

随着网站的访问量越来越大，默认情况下 Apache 服务器产生的单个日志文件也会越来越大，如果不对日志进行分割，那么日志文件占用磁盘空间很大的话势必会将整个日志文件删除，这样会丢失很多对网站比较宝贵的信息，而这些日志可以用来进行访问分析、网络安全监察、网络运行状况监控等。另外，服务器遇到故障时，运维人员要打开日志文件进行分析，打开的过程会消耗很长时间，也势必会增加处理故障的时间。因此管理好这些海量的日志对网站的意义重大，我们会将 Apache 的日志按每天的日期进行自动分割。下面介绍的两种方法均可实现。

1．Apache 自带 rotatelogs 分割工具

首先我们将 Apache 主配置文件 httpd.conf 打开，将如下行的注释去掉，载入虚拟主机配置。因为在实际生产环境中，一个服务器绝大多数是对应了 N 个子域名站点，为了方便统一管理，我们需要用虚拟主机的方式进行配置。

```
#Include conf/extra/httpd-vhosts.conf
```

打开 httpd-vhosts.conf 文件，直接拷贝最后一段代码进行修改，并且将其中两个虚拟主机配置示例代码文件注释掉，如下所示：

```
<VirtualHost *:80>
    ServerAdmin administrator@kqn.cn
    DocumentRoot "/usr/local/apache/htdocs"
    ServerName www.test.com
    ErrorLog "|/usr/local/apache/bin/rotatelogs -l /usr/local/apache/logs/www.test.com-error_%Y%m%d.
log 86400"
    CustomLog "|/usr/local/apache/bin/rotatelogs -l /usr/local/apache/logs/www.test.com-
access_%Y%m%d.log 86400" combined
</VirtualHost>
```

其中 ErrorLog 行是错误日志，不用太多关注，一般不会记录错误的访问，-l 使用本地时间代替 GMT 时间作为时间基准。注意：在一个改变 GMT 偏移量（比如夏令时）的环境中使用 -l 会导致不可预料的结果。

CustomLog 行是定义访问日志格式，86400 表示一天，即每天生成一个新的日志文件。

重启 Apache 服务，查看日志文件是否已经按日期分割。例如：www.test.com-access_20161128.Log、www.test.com-access_20161129.Log 即已完成分割。

2．使用第三方工具 cronolog 分割

首先解压源码包。

```
tar zxvf cronolog-1.6.2.tar.gz
cd cronolog-1.6.2
```

然后编译安装。

```
./configure
make && make install
```

修改 Apache 的虚拟主机 httpd-vhost.conf 文件，将上面的内容修改为如下所示：

```
<VirtualHost *:80>
```

```
    ServerAdmin administrator@kqn.cn
    DocumentRoot "/usr/local/apache/htdocs"
    ServerName www.test.com
    ErrorLog "|/usr/local/sbin/cronolog /usr/local/apache/logs/www.test.com-error_%Y%m%d.log"
    CustomLog "|/usr/local/sbin/cronolog /usr/local/apache/logs/www.test.com-access_%Y%m%d.log"
combined
</VirtualHost>
```

重启 Apache 服务，查看 Apache 日志是否被分割。

最后说明一下，Apache 写日志是根据文件的 i 节点，而不是文件名，所以有时候我们将 Apache 日志文件重命名了，如果不重启 Apache 它还是会往重命名后的文件里面写入。

3.4 AWStats 日志分析

在 httpd 服务器的访问日志文件 access_log 中，记录了大量的客户机访问信息，通过分析这些信息，可以及时了解 Web 站点的访问情况，如每天或特定时间段的访问 IP 数量、点击量最大的页面等。

本节将介绍如何安装 AWStats 日志分析系统，以完成自动化的日志分析与统计工作。

3.4.1 部署 AWStats 分析系统

AWStats 是使用 Perl 语言开发的一款开源日志分析系统，它不仅可用来分析 Apache 网站服务器的访问日志，也可用来分析 Samba、Vsftpd、IIS 等服务的日志信息。结合 crond 等计划任务服务，可以对不断增长的日志内容定期进行分析。

AWStats 的软件包可以从官方网站下载。下面以 awstats-7.6.tar.gz 软件包为例，介绍为 Web 站点 www.bt.com 添加 AWStats 日志分析系统的过程。

1. 安装 AWStats 软件包

AWStats 软件包的安装非常简单，只需将软件包解压到 httpd 服务器中的 /usr/local/ 目录下即可。

```
[root@www ~]# wget http://www.awstats.org/files/awstats-7.6.tar.gz
[root@www ~]# tar zxf awstats-7.6.tar.gz
[root@www ~]# mv awstats-7.6 /usr/local/awstats
```

2. 为要统计的站点建立配置文件

AWStats 系统支持统计多个网站的日志文件，通常以网站名称来区分不同的站点。因此，在执行日志文件分析之前，需要为每个 Web 站点建立站点统计配置文件，借助于 AWStats 系统提供的 awstats_configure.pl 脚本可以简化创建过程。

首先切换到 awstats/tools 目录下，并执行其中的 awstats_configure.pl 脚本。

```
[root@www ~]# cd /usr/local/awstats/tools/
```

```
[root@www tools]# chmod +x awstats_configure.pl
[root@www tools]# ./awstats_configure.pl
```

之后将会进入一个交互式的配置过程，检查 awstats 的安装目录、httpd 服务的配置文件路径、日志记录格式等系统环境，并提示用户指定站点名称、设置配置文件路径。

（1）指定 httpd 主配置文件的路径

配置脚本将查找并识别 httpd 服务的主配置文件，以便自动添加相关配置内容。如果未能在常见的安装路径中找到相关配置内容，则用户需要根据提示进行手工指定。

```
----- AWStats awstats_configure 1.0 (build 20140126) (c) Laurent Destailleur -----
......                                                  //省略部分内容

Do you want to continue setup from this NON standrad directory [y/N]? y
-----> Check for web server install

Enter full config file path of your Web server.
Example: /etc/httpd/httpd.conf
Example: /usr/local/apache2/conf/httpd.conf
Example: c:\Program files\apache group\apache\conf\httpd.conf
Config file path ('none' to skip web server setup):
> /usr/local/httpd/conf/httpd.conf              // 输入 httpd.conf 配置文件的路径
```

（2）设置日志类型

将 httpd 服务器的日志记录格式改为“combined”，服务器可以在日志文件中记录更加详细的 Web 访问信息。因此，当提示是否修改日志类型时，建议选择“y”。然后配置脚本，将会自动修改 httpd.conf 配置文件，以添加访问 AWStats 系统的相关配置内容。

```
-----> Check and complete web server config file '/usr/local/httpd/conf/httpd.conf'
Warning: You Apache config file contains directives to write 'common' log files
This means that some features can't work (os, browsers and keywords detection).
Do you want me to setup Apache to write 'combined' log files [y/N] ? y
 Add 'Alias /awstatsclasses "/usr/local/awstats/wwwroot/classes/"'
 Add 'Alias /awstatscss "/usr/local/awstats/wwwroot/css/"'
 Add 'Alias /awstatsicons "/usr/local/awstats/wwwroot/icon/"'
 Add 'ScriptAlias /awstats/ "/usr/local/awstats/wwwroot/cgi-bin/"'
 Add '<Directory>' directive
 AWStats directives added to Apache config file.
-----> Update model config file '/usr/local/awstats/wwwroot/cgi-bin/awstats. model.conf'
 File awstats.model.conf updated.
```

（3）为指定 Web 站点创建配置文件

根据提示继续选择“y”以创建站点配置文件，并指定要统计的目标网站名称、站点配置文件的存放位置（默认为 /etc/awstats）。

```
-----> Need to create a new config file ?
Do you want me to build a new AWStats config/profile
```

```
file (required if first install) [y/N] ? y          //确认创建新的站点配置文件

-----> Define config file name to create
What is the name of your web site or profile analysis ?
Example: www.mysite.com
Example: demo
Your web site, virtual server or profile name:
> www.bt.com                                        //指定要统计的目标网站名称

-----> Define config file path
In which directory do you plan to store your config file(s) ?
Default: /etc/awstats
Directory path to store config file(s) (Enter for default):
>                                                   //直接按 Enter 键接受默认设置
-----> Create config file '/etc/awstats/awstats.www.bt.com.conf'
 Config file /etc/awstats/awstats.www.bt.com.conf created.
```

（4）接下来后续配置工作将会尝试重启 httpd 服务（支持使用 /sbin/service httpd restart 或 /bin/systemctl restarthttpd.servic 命令重启，需要有相关脚本，否则手动重启 Apache 服务），然后设置 cron 计划任务（7.6 版本尚不支持，需要根据提示使用 /usr/local/awstats/tools/awstats_updateall.pl now 命令自行设置任务计划），按两次 Enter 键退出配置工具。

注意

Apache 2.4 以上版本因为重新定义了访问权限，所以需要将自动生成的 awstats 访问权限进行相应修改。

```
[root@www ~]# vim /usr/local/httpd/conf/httpd.conf
<Directory "/usr/local/awstats/wwwroot">
  Options None
  AllowOverride None
#   Order allow,deny                                  //去掉
#   Allow from all                                    //去掉
Require all granted                                   //添加
</Directory>
```

根据上述设置过程，为网站 www.bt.com 新建立的站点统计配置文件将存放到 etc/awstats 目录下，文件名称为 awstats.www.bt.com.conf。若还需要统计其他 Web 站点的日志，可以执行 awstats_configure.pl 脚本创建新的配置文件。以后可以使用 http://localhost/awstats/awstats.pl?config=www.bt.com 地址访问日志分析页面。

3. 修改站点统计配置文件

为站点 www.bt.com 建立好配置文件以后，还需要对其做进一步的修改。修改的内容主要包括指定要分析的 Web 日志文件和用来存放统计数据的目录。

```
[root@www tools]# vi /etc/awstats/awstats.www.bt.com.conf
LogFile="/usr/local/httpd/logs/access_log"
DirData="/var/lib/awstats"
……                                                    //省略部分内容
[root@www tools]# mkdir /var/lib/awstats
```

其中，LogFile 用来指定日志路径，应设置 Web 日志文件的实际位置；DirData 用来指定数据目录，可以采用默认值，但需要创建指定的目录（/var/lib/awstats）。

4．执行日志分析，并设置 cron 计划任务

使用 AWStats 提供的 awstats_updateall.pl 脚本，可以更新所有站点（根据站点配置文件）的日志统计数据。执行该脚本时，系统将会自动分析新增的日志内容，并将分析结果更新到统计数据库中。

```
[root@www tools]# chmod +x awstats_updateall.pl
[root@www tools]#./awstats_updateall.pl now
Running '"/usr/local/awstats/wwwroot/cgi-bin/awstats.pl" -update -config=www.bt.com
-configdir="/etc/awstats"' to update config www.bt.com
Create/Update database for config "/etc/awstats/awstats.www.bt.com.conf" by AWStats version 7.6
(build 20161204)
From data in log file "/usr/local/httpd/logs/access_log"...
Phase 1 : First bypass old records, searching new record...
Searching new records from beginning of log file...
Jumped lines in file: 0
Parsed lines in file: 3
 Found 0 dropped records,
 Found 0 comments,
 Found 0 blank records,
 Found 3 corrupted records,
 Found 0 old records,
 Found 0 new qualified records.
```

由于 Web 日志文件的内容是在不断更新的，为了及时反馈网站访问情况，日志分析工作也需要定期、自动地执行。通过 crond 服务可设置计划任务，一般建议每五分钟执行一次日志分析任务。

```
[root@www ~]# crontab -e
*/5 * * * * /usr/local/awstats/tools/awstats_updateall.pl now
[root@www ~]#  systemctl start crond
[root@www ~]#  systemctl enable crond
```

3.4.2 访问 AWStats 分析系统

访问站点 http://www.bt.com/awstats/awstats.pl?config=www.bt.com 后，即可看到 AWStats 日志分析系统的统计页面，该页面分别按访问时间、用户来源、所用浏览器等类别列出各种详细的网站访问情况，如图 3.2 所示。若此处出现 403 Forbidden 错误，关闭 SELinux 即可正常访问。

在该页面中，拖动窗口右侧的滚动条即可查看整个分析报告内容；或者单击左侧导航栏中的链接，可以选择查看其中的部分内容。

在“按访问时间”类别下，可以查看每小时、每天、每周、每月的网站访问次数、网页数、文件数等信息。

在“浏览器统计”类别下，可以查看用户的访问时间、所用的操作系统、浏览器版本、搜索本网站的关键词等相关信息。

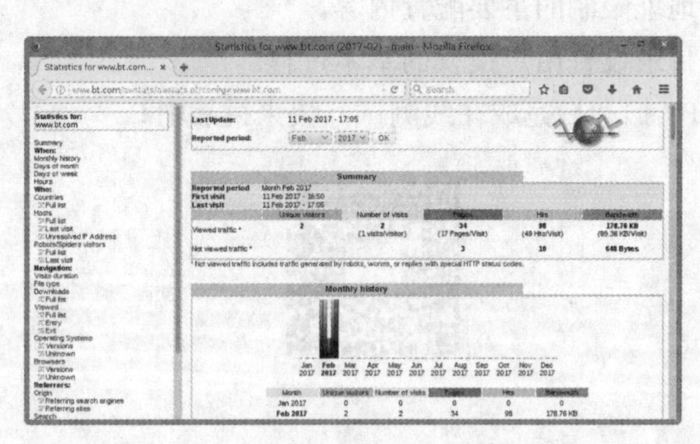

图 3.2 AWStats 日志分析系统的统计页面

在访问 AWStats 系统时，需要指定 awstats 目录、脚本位置、统计目标等信息，这样既不便于记忆，输入时也比较麻烦。为了简化操作，可以在 Web 根目录下建立一个自动跳转的 HTML 网页。例如，执行以下操作后，用户只要访问 http://www.bt.com/awb.html，即可自动跳转到 www.bt.com 站点的 AWStats 日志分析页面。

```
[root@www ~]# vi /usr/local/httpd/htdocs/awb.html
<html>
<head>
<meta http-equiv=refresh content="0;
url=http://www.bt.com/awstats/awstats.pl?config=www.bt.com">
</head>
<body></body>
</html>
```

本章总结

- Apache 通过设置配置文件中相关的连接保持参数来开启与控制连接保持功能。
- httpd 服务通过 Order、Allow from、Deny from 配置项实现客户机地址访问控制。
- httpd 服务通过 AuthName、AuthType、AuthUserfile 及 require valid-user 配置项实现目录的用户授权。
- 为网站目录设置用户授权时，需要先通过 htpasswd 工具创建用户认证数据文件。
- Apache 日志分割工具可以使用自带的 rotatelogs，也可以使用第三方工具 cronolog。

- httpd 服务器的日志文件包括访问日志 access_log 与错误日志 error_log。
- 使用 AWStats 可以统计 Web 访问日志，并以网页界面的形式展现分析报告。

本章作业

1. 简述客户机地址限制的主要配置内容。
2. 简述为网站目录设置用户授权的基本过程。
3. 用课工场 APP 扫一扫完成在线测试，快来挑战吧！

第4章

Apache网页与安全优化

技能目标

- 掌握Apache网页压缩
- 掌握Apache网页缓存
- 掌握Apache网页防盗链
- 掌握Apache隐藏版本信息

本章导读

我们在使用Apache作为Web服务器的过程中，只有对Apache服务器进行适当的优化配置，才能让Apache发挥出更好的性能；反过来说，如果Apache的配置非常糟糕，Apache可能无法为我们正常服务。因此，针对我们的应用需求对Apache服务器的配置进行一定的优化是必不可少的。

APP扫码看视频

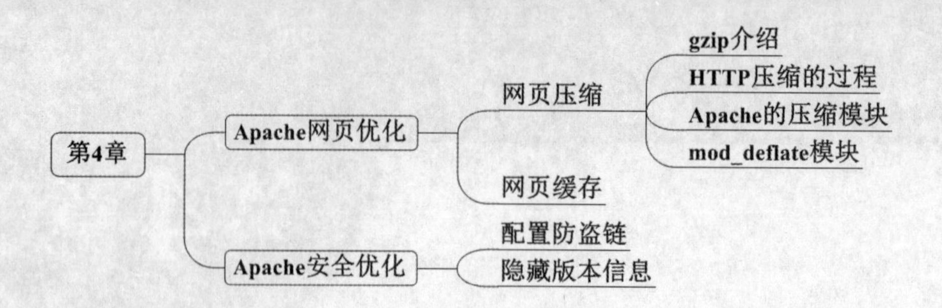

4.1 Apache 网页优化

本节将依次介绍 Apache 的网页压缩和网页缓存技术，对于 Apache 的性能提升有非常明显的效果。

4.1.1 网页压缩

网站的访问速度是由多个因素所共同决定的，这些因素包括应用程序的响应速度、网络带宽、服务器性能、与客户端之间的网络传输速度等等。其中最重要的一个因素是 Apache 本身的响应速度，因此当你为网站性能所苦恼时，第一个需要着手进行处理的便是尽可能地提升 Apache 的执行速度，使用网页压缩可以提升应用程序的速度。而且非常重要的是，它完全不需要任何成本，只不过是会让服务器 CPU 占用率稍微提升一两个百分点或者更少。

1. gzip 介绍

gzip 是一种流行的文件压缩算法，现在的应用十分广泛，尤其是在 Linux 平台。当应用 gzip 压缩到一个纯文本文件时，效果是非常明显的，大约可以减少 70%以上的文件大小。利用 Apache 中的 gzip 模块，我们可以使用 gzip 压缩算法来对 Apache 服务器发布的网页内容进行压缩后再传输到客户端浏览器。这样经过压缩实际上降低了网络传输的字节数，最明显的好处就是可以加快网页加载的速度。

网页加载速度加快的好处不言而喻，除了能节省流量、改善用户的浏览体验外，另一个潜在的好处是 gzip 与搜索引擎的抓取工具有着更好的关系。

2. HTTP 压缩的过程

Web 服务器接收到浏览器的 HTTP 请求后，先检查浏览器是否支持 HTTP 压缩（Accept-Encoding 信息），如果浏览器支持 HTTP 压缩，Web 服务器将检查请求文件的后缀名，如果请求文件是 HTML、CSS 等静态文件，Web 服务器会压缩缓存目录中检查是否已经存在请求文件的最新压缩文件。如果请求文件的压缩文件不存在，Web 服务器向浏览器返回未压缩的请求文件，并在压缩缓存目录中存放请求文件的压缩文件；如果请求文件的最新压缩文件已经存在，则直接返回请求文件的压缩文件。如果请求文件是动态文件，Web 服务器动态压缩内容并返回浏览器，但压缩内容不存放到压缩缓存目录中。

3. Apache 的压缩模块

Apache 1.x 系列没有内建网页压缩技术，使用的是额外的第三方 mod_gzip 模块来执行压缩。而官方在开发 Apache 2.x 的时候，就把网页压缩考虑了进去，内建了 mod_deflate 这个模块，用以取代 mod_gzip。两者都使用的 gzip 压缩算法，因此它们的运作原理是类似的。

mod_deflate 压缩速度略快，而 mod_gzip 的压缩比略高。默认情况下，mod_gzip 会比 mod_deflate 多出 4% ～ 6%的压缩量。

一般来说，mod_gzip 对服务器 CPU 的占用要高一些，而 mod_deflate 是专门为确保服务器的性能而使用的一个压缩模块，即 mod_deflate 需要较少的资源来压缩文件。这意味着在高流量的服务器，使用 mod_deflate 可能会比 mod_gzip 加载速度更快。

简而言之，如果你的网站访问量较小，想要加快网页的加载速度，就使用 mod_gzip。虽然会额外耗费一些服务器资源，但也是值得的。如果你的网站访问量较大，并且使用的是共享的虚拟主机，所分配系统资源有限的话，使用 mod_deflate 将会是更好的选择。

另外，从 Apache 2.0.45 开始，mod_deflate 可使用 DeflateCompressionLevel 指令来设置压缩级别。该指令的值可为 1 至（压缩速度最快，压缩质量最低）9（压缩速度最慢，压缩质量最高）之间的整数，其默认值为 6（压缩速度和压缩质量较为平衡的值）。这个简单的变化更是使得 mod_deflate 可以轻松媲美 mod_gzip 的压缩。

4. mod_deflate 模块

（1）检查是否安装了 mod_deflate 模块

```
[root@localhost conf]# apachectl -t -D DUMP_MODULES | grep "deflate"
```

（2）安装 mod_deflate 模块

如果没有安装 mod_deflate 模块，需要停止 Apache 服务，重新编译安装 Apache，在参数中加入 mod_deflate 模块内容。

```
[root@localhost conf]# service httpd stop
[root@localhost conf]# ./configure
--prefix=/usr/local/httpd
--enable-deflate                              // 加入 mod_deflate 模块
--enable-so
--enable-rewrite
--enable-charset-lite
--enable-cgi
[root@localhost conf]# make && make install
```

（3）配置 mod_deflate 模块启用

编译安装后，mod_deflate 模块需要在 httpd.conf 文件启用才能生效。

```
[root@localhost conf]# vi /usr/local/httpd/conf/httpd.conf
……………………………………..                    //省略 httpd.conf 文件内容，文件末尾加入以下内容
AddOutputFilterByType DEFLATE text/html text/plain text/css text/xml text/javascript
DeflateCompressionLevel 9
SetOutputFilter DEFLATE
```

第一行代表对什么样的内容启用 gzip 压缩，第二行代表压缩级别，第三行代表启用 deflate 模块对本站点的输出进行 gzip 压缩。

（4）检测 httpd.conf 语法

```
[root@localhost conf]# apachectl -t
Syntax OK
```

（5）检测模块是否安装

```
[root@localhost conf]# apachectl -t -D DUMP_MODULES | grep "deflate"
Syntax OK
deflate_module (static)
```

然后重新启动 Apache 服务器。

（6）测试 mod_deflate 压缩是否生效

打开 Fiddler 抓包工具，用浏览器访问 Apache 服务器的 URL 地址，可以看到响应头中包含有 Content-Encoding:gzip，如图 4.1 所示，表示压缩已经生效。

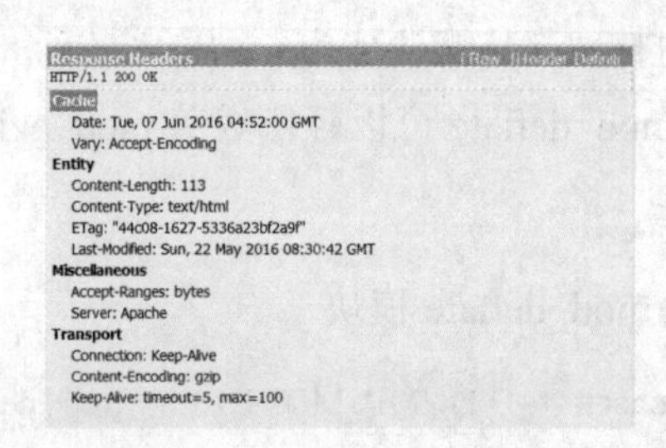

图 4.1　Fiddler 抓取压缩包

4.1.2　网页缓存

网页缓存是将一部分经常不会改变或变动很少的页面缓存，下次浏览器再次访问这些页面时，不需要再次去下载这些页面，从而提高了用户的访问速度。

Apache 的 mod_expires 模块会自动生成页面头部信息中的 Express 标签和 Cache-Control 标签，客户端浏览器根据标签决定下次访问是在本地机器的缓存中获取页面，不需要再次向服务器发出请求，从而降低客户端的访问频率和次数，达到减少不必要的流量和增加访问速度的目的。

配置 mod_expires 模块的步骤与 mod_deflate 模块相似。

（1）检查 mod_expires 模块是否安装

显示 deflate_expires (static)，表示已经安装。

```
[root@localhost conf]# apachectl -t -D DUMP_MODULES | grep "expires"
```

（2）安装 mod_expires 模块

如果没有安装 mod_expires 模块，需要停止 Apache 服务，重新编译安装 Apache，在参数中加入 mod_ expires 模块内容。

```
[root@localhost conf]# service httpd stop
[root@localhost conf]# ./configure
--prefix=/usr/local/httpd
--enable-deflate                                        //加入 mod_deflate 模块
--enable-expires                                        //加入 mod_expires 模块
--enable-so
--enable-rewrite
--enable-charset-lite
--enable-cgi
[root@localhost conf]# make && make install
```

（3）配置 mod_expires 模块启用

在启用 mod_expires 模块之前，可以用 Fiddler 先抓取数据包，然后修改 httpd.conf 文件再抓取数据包进行对比。在 httpd.conf 末尾加入以下内容，然后重启服务器，重新访问。

```
[root@localhost ~]# /cd /usr/local/httpd/conf
[root@localhost conf]# vi httpd.conf
<IfModule mod_expires.c>
 ExpiresActive On
 ExpiresDefault "access plus 60 seconds"
</IfModule>
```

（4）检测 httpd.conf 语法

```
[root@localhost conf]# apachectl -t
Syntax OK
```

（5）检测模块是否安装

```
[root@localhost conf]# apachectl -t -D DUMP_MODULES | grep "expires"
Syntax OK
expires_module (static)
```

然后重新启动 Apache 服务器。

（6）测试缓存是否生效

响应头中包含了 Expires 项，如图 4.2 所示，说明缓存已经工作。

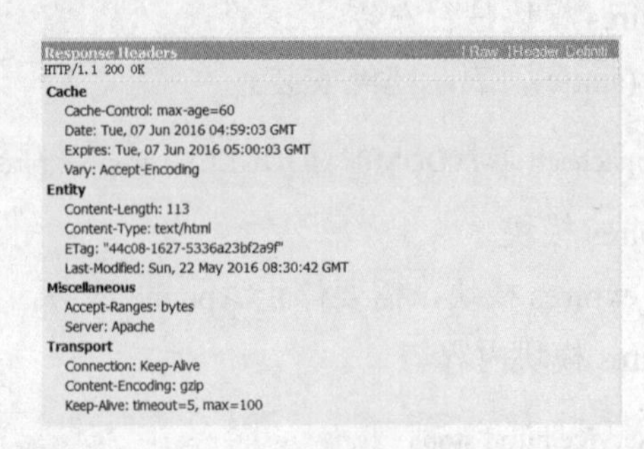

图 4.2 Fiddler 抓取缓存包

4.2 Apache 安全优化

Apache 的默认配置除了性能可以优化外，还需要对安全性进行相应的配置。默认配置能保证服务器正常提供服务，但 Apache 作为一个软件，必然也会存在一些漏洞，尽可能地降低潜在的风险，是管理员必须掌握的内容。

4.2.1 防盗链

一般来说，我们浏览一个完整的页面时并不是一次性全部传送到客户端的。如果所请求的页面带有图片或其他信息，那么第一个 HTTP 请求传送的是这个页面的文本，然后通过客户端的浏览器对这段文本进行解释执行，如果发现其中还有图片，那么客户端的浏览器会再次发送一条 HTTP 请求，当这个请求被处理后这个图片文件才会被传送到客户端，最后浏览器会将图片安放到页面的正确位置，这样一个完整的页面要经过多次发送 HTTP 请求才能够被完整的显示。

基于这样的机制，就会产生盗链问题；如果一个网站没有其页面中所说的图片信息，那么它完全可以链接到其他网站的图片信息上。这样，没有任何资源的网站利用了别的网站的资源来展示给浏览者，提高了自己的访问量，而大部分浏览者又不容易发现。一些不良网站为了不增加成本而扩充自己的站点内容，经常盗用其他网站的链接。一方面损害了原网站的合法利益，另一方面又加重了服务器的负担。

HTTP 标准协议中有专门的 Referer 字段记录，它的作用如下。

（1）可以追溯上一个入站地址是什么。

（2）对于资源文件，可以跟踪到包含显示它的网页地址是什么。因此所有防盗链方法都是基于这个 Referer 字段。

1. 准备环境

环境配置要求如表 4-1 所示。客户端使用 Windows 系统。

表 4-1 配置防盗链要求

IP 地址	域名	用途
192.168.85.135	www.bt.com	CentOS 源主机
192.168.85.140	www.test.com	CentOS 盗链网站

在 Windows 和 CentOS 的 host 文件中加入以上 IP 地址与域名的映射关系。

在 Windows 系统中访问 www.bt.com 和 www.test.com，确保 Apache 工作正常，如图 4.3 所示。

图 4.3 Apache 工作正常

2. 准备图片

把图片复制到主 www.bt.com 服务器的 Apache 工作目录 /usr/local/httpd/htdocs，确保图片存在。

```
[root@localhost htdocs]# ls
index.html  logo.jpg
```

修改 index.html 网页文件，加入图片显示代码。

```
[root@localhost htdocs]# vi index.html
<html><body><h1>It work!
    <img src="logo.jpg"/>                    // 网页中显示图片的代码
</h1></body></html>
```

再次访问网页，图片可以显示，如图 4.4 所示。

图 4.4 网页中显示图片

鼠标右键点击图片，选择“属性”，可以看到图片的网址是 www.bt.com/logo.jpg，如图 4.5 所示。

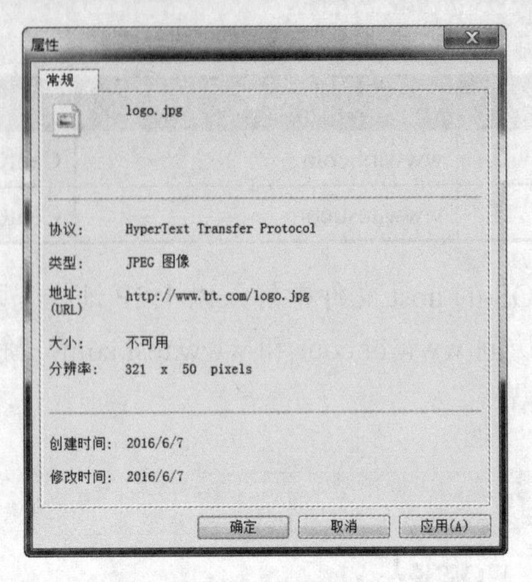

图 4.5　图片路径

3. 模拟盗取图片链接

在 www.test.com 服务器修改 index.html 文件，加入盗取图片链接。

```
[root@localhost htdocs]# vi index.html
<html><body><h1>It work!
   <img src="http://www.bt.com/logo.jpg"                // 盗取链接图片
</h1></body></html>
```


访问 www.test.com，图片可以显示，如图 4.6 所示。

图 4.6　链接图片

鼠标右键点击图片，选择“属性”，可以看到图片的网址是 www.bt.com/logo.jpg。

用 fiddler 抓取数据包，如图 4.7 所示，可以看到先对 www.test.com 请求，然后对 www.bt.com/logo.jpg 请求，说明盗链成功。

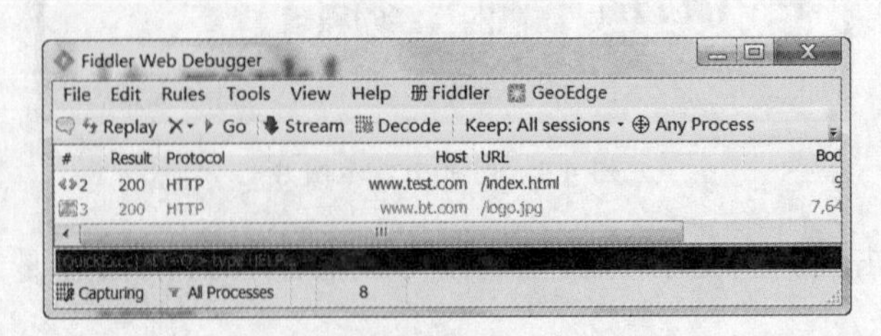

图 4.7　Fiddler 抓取链接包

由此可以看出盗取链接对正常服务器流量肯定会产生影响，因为不属于自己的流量服务被盗取，从而加重了服务器的负担。

4. Apache 防盗链配置

Apache 防盗链需要安装 mod_rewrite 模块，在 www.bt.com 的安装步骤如下。

（1）检查是否安装了 mod_rewrite 模块

```
[root@localhost conf]# apachectl -t -D DUMP_MODULES | grep "rewrite"
```

（2）安装 mod_rewrite 模块

如果没有安装 mod_rewrite 模块，需要停止 Apache 服务，重新编译安装 Apache，在参数中加入 mod_rewrite 模块内容。

```
[root@localhost conf]# service httpd stop
[root@localhost conf]# ./configure
--prefix=/usr/local/httpd
--enable-deflate
--enable-so
--enable-rewrite                                          // 加入 mod_rewrite 模块
--enable-charset-lite
--enable-cgi
[root@localhost conf]# make && make install
```

（3）配置 mod_rewrite 模块启用

编译安装后，mod_rewrite 模块需要在 httpd.conf 文件启用后才能生效。

```
[root@localhost conf]# vi httpd.conf
<Directory "/usr/local/httpd/htdocs">
……………………………………..                                  // 省略内容
# Controls who can get stuff from this server.
#
Order allow,deny
Allow from all

RewriteEngine On                    // 加入 mod_rewrite 模块内容
RewriteCond %{HTTP_REFERER} !^http://bt.com/.*$ [NC]
RewriteCond %{HTTP_REFERER} !^http://bt.com$ [NC]
RewriteCond %{HTTP_REFERER} !^http://www.bt.com/.*$ [NC]
RewriteCond %{HTTP_REFERER} !^http://www.bt.com/$ [NC]
RewriteRule .*\.(gif|jpg|swf)$ http://www.bt.com/error.png
</Directory>
```

后面会详细分析相关语法。

（4）检测 httpd.conf 语法

```
[root@localhost conf]# apachectl -t
Syntax OK
```

（5）检测模块是否安装

```
[root@localhost conf]# apachectl -t -D DUMP_MODULES | grep "rewrite"
Syntax OK
rewrite_module (static)
```

然后重新启动 Apache 服务器。

（6）测试 mod_rewrite 重定向是否生效

```
[root@localhost conf]# apachectl -t -D DUMP_MODULES | grep "rewrite"
```

mod_rewrite 模块主要的功能就是实现 URL 的跳转，它的正则表达式基于 Perl 语言，有基于服务器级的（httpd.conf）和目录级的（.htaccess）两种方式。

基于服务器级的（httpd.conf）有两种方法，一种是在 httpd.conf 的全局下直接利用 RewriteEngine on 来打开 rewrite 功能；另一种是在局部里利用 RewriteEngine on 来打开 rewrite 功能。

基于目录级的（.htaccess）则要注意一点，就是必须打开此目录的 FollowSymLinks 属性且在 .htaccess 里要声明 RewriteEngine on。

开启 rewrite 功能后，需要设置 RewriteCond 指令，它定义了匹配规则，如果符合某个或某几个规则，则执行 RewriteCond 下面紧邻的 RewriteRule 指令；如果不匹配，则后面的规则不再匹配，RewriteRule 定义需要重定向到的路径。

匹配规则如表 4-2 所示。

表 4-2　匹配规则表

规则	描述
%{HTTP_REFERER}	浏览 header 中的链接字段，存放一个链接的 URL，代表是从哪个链接访问所需的网页
!^	不以后面的字符串开头
.*$	以任意字符结尾
NC	不区分大小写
R	强制跳转
?	匹配 0 到 1 个字符
*	匹配 0 到多个字符
+	匹配 1 到多个字符
^	字符串开始标志
$	字符串结束标志
.	匹配任何单字符

首先 RewriteEngine On 打开了重写引擎，根据匹配规则我们分析“RewriteCond %{HTTP_REFERER} !^http://www.bt.com/.*$ [NC]”的含义。

①“%{HTTP_REFERER}”：表示从哪个 URL 来产生请求。

② “!^”：表示不是以后面的字符串开头。

③ “http://www.bt.com”是本网站的路径，按整个字符串匹配。

④ “.*$”表示以任意字符结尾。

⑤ “NC”表示不区分大小写字母。

最后的规则是不以“http://www.bt.com”为路径，即不是本网站进行访问，后面是任意字符都可以匹配成功，其他几项可对照规则表分析。

如果请求路径被匹配，执行重定向指令“RewriteRule .*\.(gif|jpg|swf)$ http://www.bt.com/error.png”。

① “.”表示匹配一个字符。

② “*”表示匹配 0 到多个字符，与“.”合起来的意思是匹配 1 到多个字符，实际上可以只用“+”表示，这里是为了演示使用方式。

③ “\.”在这里表示的是转义字符“.”，因为“.”在指令中属于规则字符，有相应的含义，如果需要匹配，则要在前面加个“\”，其他规则字符如果需要匹配，也做同样处理。

④ “(gif|jpg|swf)”表示匹配“gif”“jpg”“swf”任意一种，“$”表示结束。最后的规则是以“.gif”“.jpg”“.swf”结尾，前面是 1 到多个字符的字符串，也就是匹配图片类型的文件。

⑤ “http://www.bt.com/error.png”：表示转发到这个路径 。

整个配置的含义是本网站以外的站点访问本站的图片文件时，显示 error.png 这个图片。

重启服务器，并且清除浏览器的缓存，避免从本地读取缓存内容，复制 error.png 这个图片到工作目录 /usr/local/httpd/htdocs，再次访问网站，如图 4.8 所示。

图 4.8　防盗链配置成功

可以看到防盗链图片已经工作，其他网站盗链将返回给它禁止盗链的图片。

使用 Fiddler 抓取数据包，如图 4.9 所示，可以看到 logo.jpg 的 http 状态码是 302，它表示重定向，再次说明防盗链配置成功。

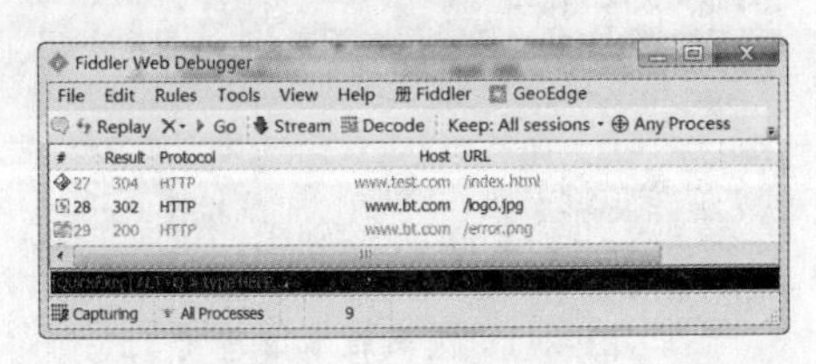

图 4.9　防盗链过程

4.2.2 隐藏版本信息

一般情况下，软件的漏洞信息和特定版本是相关的，因此，软件的版本号对攻击者来说是很有价值的，用 Fiddler 抓包可以看到 Apache 的版本是 2.2.31，如图 4.10 所示。

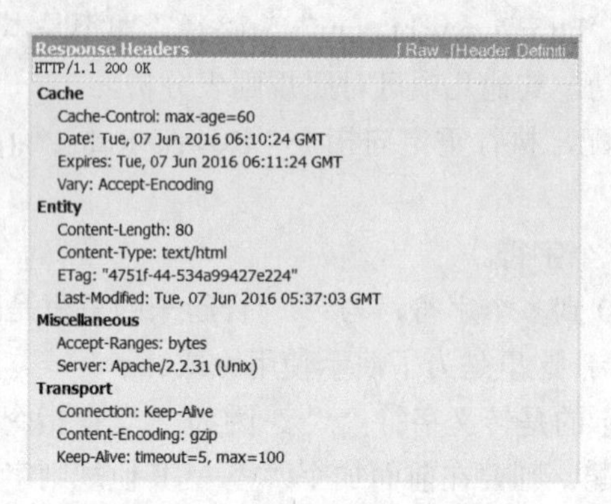

图 4.10 Apache 默认显示版本信息

如果黑客或别有用心的人得到 Apache 的版本信息，就会有针对性地进行攻击，给网站造成很大的损失，所以我们要隐藏 Apache 的版本号，减少受攻击的风险，保护服务器安全运行。

修改 httpd.conf 配置文件，使 httpd-default.conf 文件生效，它里面包含了是否返回版本信息的内容。

```
[root@localhost conf]# vi httpd.conf
Include conf/extra/httpd-default.conf                    //去掉前面的#
```

然后修改 httpd-default.conf 文件。

```
[root@www extra]# vi httpd-default.conf
ServerTokens Prod                    //把 Full 改为 Prod
ServerSignature Off                  //把 On 改为 Off
```

重新启动 Apache，访问网址抓包，如图 4.11 所示。

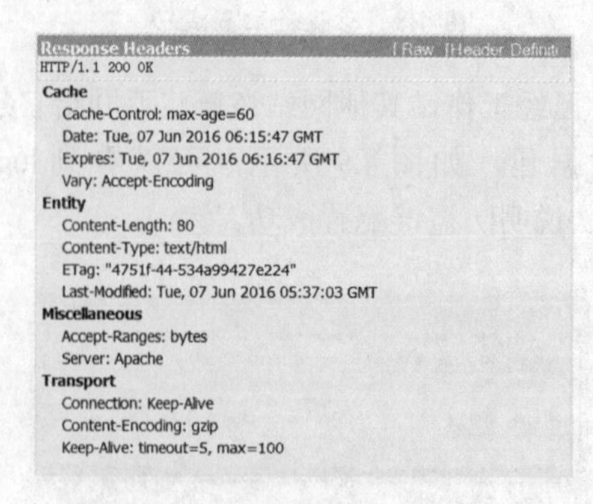

图 4.11 隐藏版本信息

显示 Server:Apache，表示版本信息已经被隐藏。ServerTokens 表示服务器回送给客户端的响应头域是否包含关于服务器 OS 类型和编译过的模块描述信息，这里设置的是 Prod。表 4-3 列出 ServerTokens 的选项以及输出格式。

表 4-3 ServerTokens 输出格式

选项	输出格式
Prod	Server:Apache
Major	Server:Apache/2
Minor	Server:Apache/2.0
OS	Server: Apache/2.0.41 (Unix)
Full	Server: Apache/2.0.41 (Unix) PHP/4.2.2 MyMod/1.2

本章总结

- Apache 网页压缩可以减少服务器流量，提升服务器性能，使用 mod_deflate 模块实现。
- Apache 网页缓存可以把网页缓存在客户端，对于不经常更新的页面客户端不需要再向服务器发出请求，能节省流量，使用 mod_expires 模块实现。
- Apache 防盗链可以防止其他站点使用本网站资源，避免不必要的流量开销，使用 mod_rewrite 模块实现。
- Apache 隐藏版本信息可以避免针对版本信息漏洞的攻击。

本章作业

1. 简述 Apache 网页压缩原理。
2. 简述 Apache 防盗链原理。
3. 用课工场 APP 扫一扫完成在线测试，快来挑战吧！

随手笔记

第5章

Apache 优化深入

技能目标

- 掌握 ab 压力测试的方法
- 掌握 prefork 与 worker 工作模式原理与优化
- 了解控制网站目录访问属性的方法

本章导读

Apache 的默认配置可以保证基本运行服务，但在生产环境中，有时需要把服务器性能发挥到最大化。本章介绍如何对服务器进行压力测试，然后对相应参数进行优化，以充分发挥服务器的作用。

APP 扫码看视频

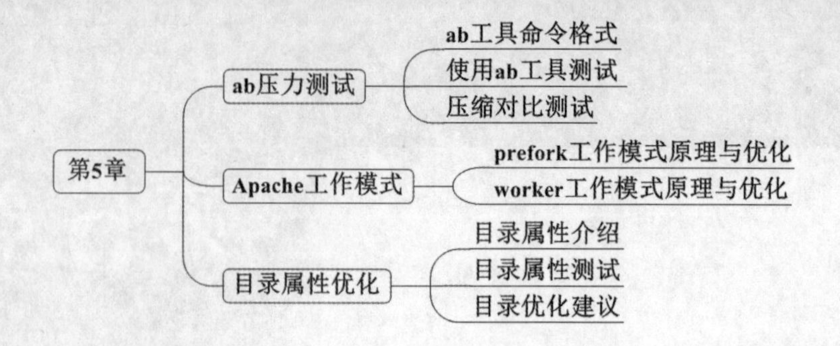

5.1 ab 压力测试

网站性能压力测试是服务器网站性能调优过程中必不可少的一环，只有让服务器处在高压情况下，才能真正体现出软件、硬件等各种设置不当所暴露出的问题。

性能测试工具目前最常见的有以下几种：ab、http_load、webbench、siege。ab 是 Apache 自带的压力测试工具，非常实用，可以模拟多线程并发请求，测试服务器负载压力。它不仅可以对 Apache 服务器进行网站访问压力测试，而且可以对其他类型的服务器进行压力测试，比如 nginx、tomcat、IIS 等。ab 对发出负载的计算机要求很低，既不会占用很多 CPU，也不会占用太多内存，但却会给目标服务器造成巨大的负载。

在带宽不足的情况下，最好是本机进行测试，建议使用内网的另一台或者多台服务器通过内网进行测试，这样得出的数据，准确度会高很多。远程对 Web 服务器进行压力测试，往往效果不理想，因为网络延时过大或带宽不足，得到的测试结果并不准确。

在性能调整优化过程中，优化前先使用 ab 进行压力测试，优化后再进行压力测试，对比两次测试的结果，看优化效果是否明显，再决定是否启用优化方案。

1. ab 工具所在位置

用 which 命令可以查找 ab 工具的位置，它位于 /usr/local/bin/ 下面。

```
[root@localhost ~]# which ab
/usr/local/bin/ab
[root@localhost ~]# ls /usr/local/bin
ab          apxs      envvars-std  htpasswd    rotatelogs
apachectl    checkgid   htcacheclean  httpd
apr-1-config  dbmmanage  htdbm        httxt2dbm
apu-1-config  envvars    htdigest      logresolve
```

2. ab 工具命令格式

ab 的命令格式是：ab [options] [http://]hostname[:port]/path。

“[options]”: 表示 ab 工具的参数。

“http://”：表示 http 前缀可以省略。

“hostname”: 表示访问的主机。

“:port”: 表示端口号可以省略。

"/path"表示请求的资源路径。

其中参数可以用来设置请求数和时间等，相应参数如表 5-1 所示。

表 5-1　ab 命令参数表

参数	描述
-n	测试会话中所执行的请求总数，默认时仅执行一个请求
-c	并发产生的请求个数。默认是一次一个
-t	测试所进行的最大秒数
-v	设置显示信息的详细程度

3. 使用 ab 工具测试

```
[root@localhost ~]# ab -n2000 -c800 www.bt.com/index.html
……………………………　　　　　　　　　　//省略内容
Server Software:      Apache
Server Hostname:      www.bt.com
Server Port:      80

Document Path:       /index.html
Document Length:       70 bytes

Concurrency Level:     800
Time taken for tests:   1.069 seconds
Complete requests:     2000
Failed requests:      0
Write errors:      0
Total transferred:     793584 bytes
HTML transferred:      140280 bytes
Requests per second:    1870.44 [#/sec] (mean)
Time per request:      427.707 [ms] (mean)
Time per request:      0.535 [ms] (mean, across all concurrent requests)
Transfer rate:      724.78 [Kbytes/sec] received
……………………………　　　　　　　　　　//省略内容
```

输入 ab 测试命令，以 800 为并发数，2000 为总请求数，查看测试结果，主要参数如表 5-2 所示。

表 5-2　ab 测试结果参数表

参数	描述
Server Software	http 响应数据的头信息
Server Hostname	请求的 url 中的主机名称
Server Port	Web 服务器软件的监听端口
Document Path	请求的 url 根的绝对路径
Document Length	http 响应数据的正文长度
Concurrency Level	并发的用户数

续表

参数	描述
Time taken for tests	所有这些请求被处理完成所花费的时间总和
Complete requests	表示总请求数
Failed requests	失败的请求总数
Total transferred	请求的响应数据长度总和
Requests per second	服务器的吞吐率，每秒处理的请求数
Time per request	用户平均请求等待时间
Time per request	每个请求实际运行时间的平均值
Percentage of the requests served within a certain time (ms)	描述每个请求处理时间的分布情况

4．对比测试

上一章讲到了 Apache 网页压缩的方法，现在关闭压缩模块，再执行相同的命令测试查看结果，与上面的结果相比较。

（1）删除 httpd.conf 中的压缩模块

```
[root@localhost conf]# vi /usr/local/httpd/conf/httpd.conf
…………………………………..                          // 省略 httpd.conf 文件内容
AddOutputFilterByType DEFLATE text/html text/plain text/css text/xml text/javascript
DeflateCompressionLevel 9
SetOutputFilter DEFLATE
```

把以上代码删除，即不启用压缩模块。然后重启服务器。

（2）使用 ab 测试

```
[root@localhost conf]# ab -n2000 -c800 www.bt.com/index.html
…………………………..                          // 省略内容
Time taken for tests:   1.067 seconds
Complete requests:      2000
Failed requests:        0
Write errors:           0
Total transferred:      746746 bytes
HTML transferred:       140140 bytes
Requests per second:    1874.10 [#/sec] (mean)
Time per request:       426.871 [ms] (mean)
Time per request:       0.534 [ms] (mean, across all concurrent requests)
Transfer rate:          683.34 [Kbytes/sec] received
…………………………..                          // 省略内容
```

测试结果参数与之前比有少许变化，在生产环境中则需要根据承载的请求数等，频繁地调整配置参数，以使 Apache 发挥出最大的优化性能。

5.2 Apache 工作模式

Apache 2.X 支持插入式并行处理模块，称为多路处理模块（MPM）。在编译 Apache 时必须选择也只能选择一个 MPM，而对类 UNIX 系统，有几个不同的 MPM 可供选择，如 worker MPM、prefork MPM、event MPM，不同的 MPM 会影响到 Apache 的速度和可伸缩性。

1. prefork 模式

（1）prefork 工作模式介绍

prefork 模式实现了一个非线程型的、预派发的 Web 服务器，它是要求将每个请求相互独立的情况下最好的 MPM，这样若一个请求出现问题就不会影响到其他请求。prefork 模式具有很强的自我调节能力，只需要很少的配置指令调整。最重要的是可将 MaxClients 设置为一个足够大的数值以处理潜在的请求高峰，同时又不能太大，以免需要使用的内存超出物理内存的大小。

出于稳定性和安全性考虑，不建议更换 Apache 2 的运行方式，使用系统默认的 prefork 模式即可。另外很多 php 模块不能工作在 worker 模式下，例如 RedHat Linux 自带的 php 就不能支持线程安全。

（2）prefork 工作方式

编译安装 Apache 时，如果没有指定工作模式，默认会使用 prefork 模式。可以使用 httpd -l 命令查看，prefork.c 表示当前运行的是 prefork 工作模式。

```
[root@www ~]# httpd -l
Compiled in modules:
………………………..                    // 省略内容
 prefork.c
………………………..                    // 省略内容
```

prefork 模式由一个单独的控制进程（父进程）负责产生子进程，子进程用于监听请求并作出应答，因此在内存中会一直存在一些备用的（spare）或是空闲的子进程用于响应新的请求，可加快响应速度。父进程通常以 root 身份运行，以便绑定 80 端口，子进程通常以一个低特权的用户身份运行，可通过配置项的 User 和 Group 配置。运行子进程的用户必须对网站内容有读取权限，但是对其他资源应拥有尽可能少的权限，以保证系统安全。

打开 httpd.conf 文件，用“/mpm”搜索，可以看到子进程默认使用 daemon 用户和组创建。

```
[root@www conf]# vi httpd.conf
<IfModule !mpm_netware_module>
<IfModule !mpm_winnt_module>
User daemon
Group daemon
```

```
</IfModule>
</IfModule>
```

使用 lsof 命令可以查看 Apache 进程的运行情况，如果没有安装需要先用 yum 命令进行安装。

```
[root@www ~]# yum –y install lsof
[root@www ~]# lsof -i :80
COMMAND    PID   USER   FD   TYPE DEVICE SIZE/OFF NODE NAME
clock-app 2675   root   21u  IPv4 201576      0t0  TCP www.bt.com:53575->77.109.165.35:http
(ESTABLISHED)
httpd     6121   root    4u  IPv6  81823      0t0  TCP *:http (LISTEN)
httpd     7345 daemon    4u  IPv6  81823      0t0  TCP *:http (LISTEN)
httpd     7354 daemon    4u  IPv6  81823      0t0  TCP *:http (LISTEN)
httpd     7364 daemon    4u  IPv6  81823      0t0  TCP *:http (LISTEN)
httpd     7371 daemon    4u  IPv6  81823      0t0  TCP *:http (LISTEN)
httpd     7378 daemon    4u  IPv6  81823      0t0  TCP *:http (LISTEN)
httpd     7423 daemon    4u  IPv6  81823      0t0  TCP *:http (LISTEN)
httpd     7426 daemon    4u  IPv6  81823      0t0  TCP *:http (LISTEN)
httpd     7444 daemon    4u  IPv6  81823      0t0  TCP *:http (LISTEN)
httpd     7456 daemon    4u  IPv6  81823      0t0  TCP *:http (LISTEN)
httpd     7509 daemon    4u  IPv6  81823      0t0  TCP *:http (LISTEN)
```

其中有 1 个 root 用户运行的主进程，10 个 daemon 用户运行的子进程。前面讲到 prefork 模式是预派发的方式，10 个子进程就是服务器启动时预先创建的，当有用户请求产生，将使用已经创建好的子进程进行处理，可减少创建新子进程的时间，增加响应速度，预先创建多少个子进程由 prefork 的参数进行设置。

（3）prefork 参数讲解

在 httpf.conf 中要启用 prefork 配置参数，需要包含 prefork 的配置文件。

```
[root@www conf]# vi httpd.conf
……………………..                              // 省略内容
Include conf/extra/httpd-mpm.conf          // 去掉前面的 # 号
……………………..                              // 省略内容
```

prefork 模式的配置文件是 /usr/local/httpd/conf/extra/httpd-mpm.conf，里面定义了它的启动参数。

```
[root@www conf]# cd /usr/local/httpd/conf/extra
[root@www extra]# ls
httpd-autoindex.conf  httpd-mpm.conf       // http-mpm.conf 文件
……………………..                              // 省略内容
[root@www extra]# vi httpd-mpm.conf
……………………..                              // 省略内容
<IfModule mpm_prefork_module>              // prefork 模式参数
    StartServers          5
    MinSpareServers       5
    MaxSpareServers      10
    MaxClients          150
```

```
MaxRequestsPerChild  0
</IfModule>
........................           //省略内容
```

prefork 参数说明如表 5-3 所示。

表 5-3 prefork 参数表

参数	说明
ServerLimit	最大进程数
StartServers	启动的时候创建的进程数量
MinSpareServers	最少空闲进程
MaxSpareServers	最多空闲进程
MaxClients	最多创建多少个子进程用来处理请求
MaxRequestsPerChild	每个进程处理的最大请求数，如果达到请求数，进程即被销毁，如果设置为 0，子进程永远不会结束

在没有启用 httpd-mpm.conf 文件之前，是创建了 10 个子进程等待请求，现在修改参数如下：

```
[root@www extra]# vi httpd-mpm.conf
........................           //省略内容
<IfModule mpm_prefork_module>      //prefork 模式参数
   StartServers         20
   MinSpareServers      10
   MaxSpareServers      50
   MaxClients          150
MaxRequestsPerChild  0
</IfModule>
........................           //省略内容
```

重启 Apache 查看进程运行情况。

```
[root@www extra]# service httpd stop
[root@www extra]# service httpd start
[root@www extra]# lsof -i :80
COMMAND   PID  USER   FD  TYPE DEVICE SIZE/OFF NODE NAME
clock-app 2675  root  21u  IPv4 208212      0t0  TCP www.bt.com:53577->77.109.165.35:http
(ESTABLISHED)
httpd     8027   root   4u  IPv6 209143      0t0  TCP *:http (LISTEN)
httpd     8028 daemon   4u  IPv6 209143      0t0  TCP *:http (LISTEN)
httpd     8029 daemon   4u  IPv6 209143      0t0  TCP *:http (LISTEN)
httpd     8030 daemon   4u  IPv6 209143      0t0  TCP *:http (LISTEN)
httpd     8031 daemon   4u  IPv6 209143      0t0  TCP *:http (LISTEN)
httpd     8032 daemon   4u  IPv6 209143      0t0  TCP *:http (LISTEN)
httpd     8033 daemon   4u  IPv6 209143      0t0  TCP *:http (LISTEN)
httpd     8034 daemon   4u  IPv6 209143      0t0  TCP *:http (LISTEN)
httpd     8035 daemon   4u  IPv6 209143      0t0  TCP *:http (LISTEN)
```

```
httpd    8036 daemon   4u  IPv6 209143      0t0  TCP *:http (LISTEN)
httpd    8037 daemon   4u  IPv6 209143      0t0  TCP *:http (LISTEN)
httpd    8038 daemon   4u  IPv6 209143      0t0  TCP *:http (LISTEN)
httpd    8039 daemon   4u  IPv6 209143      0t0  TCP *:http (LISTEN)
httpd    8040 daemon   4u  IPv6 209143      0t0  TCP *:http (LISTEN)
httpd    8041 daemon   4u  IPv6 209143      0t0  TCP *:http (LISTEN)
httpd    8042 daemon   4u  IPv6 209143      0t0  TCP *:http (LISTEN)
httpd    8043 daemon   4u  IPv6 209143      0t0  TCP *:http (LISTEN)
httpd    8044 daemon   4u  IPv6 209143      0t0  TCP *:http (LISTEN)
httpd    8045 daemon   4u  IPv6 209143      0t0  TCP *:http (LISTEN)
httpd    8046 daemon   4u  IPv6 209143      0t0  TCP *:http (LISTEN)
httpd    8047 daemon   4u  IPv6 209143      0t0  TCP *:http (LISTEN)
```

StartServers 是启动的时候创建的进程数量，设置为 20，现在可以看到有 20 个子进程在运行，说明参数配置成功。

（4）prefork 参数调优

prefork 参数调优需要在调整的每一步都对服务器进行负载压力测试，以确保在服务器稳定的基础上实现最高的性能，下面具体讲解每个参数常用的设置方式。

① MaxClients 参数的最佳值在很大程度上取决于内存大小。此参数调优的目标是当 Apache 处在最多子进程数状态时，服务器不会使用 swap。如果此数值设置得过大，则 Apache 在访问高峰期会创建过多的子进程，导致 Linux 使用 swap 来作为内存，而 swap 的效率非常低，并且会导致磁盘压力增大，形成恶性循环。

以服务器的内存是 2G 为例，也就是 2000M，MaxClients 设置为 2000 除以 2，也就是 1000。

② ServerLimit 参数的设置与 MaxClients 相同，也为 2000，即限制创建子进程的最大数量。

③ MaxSpareServers 是最多空闲进程，按上面的参数举例，当这 1000 个进程处理完了所有的请求后，这些进程便都“空闲”了。此时 Apache 便会销毁一些进程以释放资源。如设置为 30，最后系统会保留 30 个子进程在内存中运行，等待用户的请求。

如果希望 Apache 在访问高峰期过后能够迅速地释放资源，则 MaxSpareServers 应该设置得略低，以让 Apache 迅速销毁过多的子进程。

④ MinSpareServers 是最少空闲进程。这里设置为 10，当 Apache 启动时，如果空闲的进程少于 10 个，则会以一定频率创建新的进程，直到满足这个数值 10。这样设计的目的是为了让 Apache 更迅速地应付潜在的访问高峰。

如果希望 Apache 能够迅速应对突如其来的访问高峰，则应将 MinSpareServers 设置得高一点，以让 Apache 创建较多的空闲（备用）进程。

⑤ StartServers 表示 Apache 启动的时候创建的进程数量。如果访问压力很大，那么进程数会逐步增加，直到达到 MaxClients 设置的数量。一般其设置的与 MinSpareServers 相同即可。

⑥ MaxRequestPerChild 表示每个进程处理的最大请求数。当任何一个子进程处理的请求数达到 MaxRequestPerChild 后，便会销毁。如果 MaxRequestPerChild 设置为 0，

表示不限制（即永远不销毁）。这种机制的作用是防止潜在的内存泄露。如果 Apache 的某个模块或者某段 php 脚本可能导致内存泄露，而处理进程又永远不退出，则有可能造成服务器内存剧增最终导致崩溃。当开启这个机制后，无论是否存在内存泄露，都会让进程在处理一定数量的请求后退出，同时释放所有内存。

MaxRequestPerChild 对性能的影响不是那么明显。如果 MaxRequestPerChild 设置偏小，则 Apache 可能会在访问高峰期时，把大量的 CPU 消耗在创建 / 杀死进程上，造成不必要的 CPU 损耗。这里我们设置为 5000，而生产环境则需要相应的压力测试以决定数值。

按以上参数进行设置。

```
[root@www extra]# vi httpd-mpm.conf
<IfModule mpm_prefork_module>
   ServerLimit          1000
   StartServers         10
   MinSpareServers       10
   MaxSpareServers      30
   MaxClients           1000
   MaxRequestsPerChild   5000
</IfModule>
..........................                                    // 省略内容
```

重启 Apache 后进行上一节讲到的 ab 压力测试。

```
[root@localhost conf]# service httpd stop
[root@localhost conf]# service httpd start
[root@localhost conf]# ab -n2000 -c800 www.bt.com/index.html
...............................                               // 省略内容
Time taken for tests:   1.026 seconds
Complete requests:      2000
Failed requests:        0
Write errors:           0
Total transferred:      11973934 bytes
HTML transferred:       11359013 bytes
Requests per second:    1893.86 [#/sec] (mean)
Time per request:       422.417 [ms] (mean)
Time per request:       0.528 [ms] (mean, across all concurrent requests)
Transfer rate:          11072.76 [Kbytes/sec] received
...............................                               // 省略内容
```

其中 Time taken for tests 测试请求时间略有缩短，说明优化起到了作用。可以调整 prefork 的参数做多次 ab 测试，以求达到服务器的最优性能。

2. worker 模式

（1）worker 工作模式介绍

worker 模式使 Web 服务器支持混合的多线程多进程。由于使用线程来处理请求，所以可以处理海量请求，而系统资源的开销小于基于进程的 MPM。但是，它也使用了多进程，而每个进程又有多个线程，以获得基于进程的 MPM 的稳定性。

（2）worker 工作方式

worker 模块每个进程能够拥有的线程数量是固定的，服务器会根据负载情况增加或减少进程数量。一个单独的控制进程（父进程）负责子进程的建立，而每个子进程能够建立一定数量的服务线程和一个监听线程，监听线程监听接入请求并将其传递给服务线程处理和应答。

Apache 总是会维持一个备用的（spare）或是空闲的服务线程池，客户端无须等待新线程或新进程的建立即可得到服务。父进程一般都以 root 身份启动，绑定 80 端口，随后 Apache 以较低权限的用户建立子进程和线程。User 和 Group 指令用于配置 Apache 子进程的运行用户。子进程要对网页内容拥有读权限，但应该尽可能限制它的权限。

（3）启用 worker 工作模式

启用 worker 模式需要重新配置安装 Apache，指定 MPM 为 worker 模式。

```
[root@www extra]# cd /usr/src/httpd-2.2.31
[root@www httpd-2.2.31]# service httpd stop
[root@www httpd-2.2.31]# ./configure
--prefix=/usr/local/httpd
--enable-deflate
--with-mpm=worker                              //指定 worker 模式
--enable-expires
--enable-so
--enable-rewrite
--enable-charset-lite
--enable-cgi
</IfModule>
[root@www httpd-2.2.31]# make && make install
```

检测 worker 模式是否生效。

```
[root@www extra]# apachectl –l
……………………………..                               //省略内容

 worker.c                                      //worker 模式已经启用
……………………………..                               //省略内容
```

（4）worker 参数讲解

worker 模式的配置文件也是 /usr/local/httpd/conf/extra/httpd-mpm.conf，里面定义了它的启动参数。

```
[root@www extra]# vi httpd-mpm.conf
………………………..                                  //省略内容
IfModule mpm_worker_module>                    //省略内容
    StartServers        2
    MaxClients          150
    MinSpareThreads     25
    MaxSpareThreads     75
    ThreadsPerChild     25
    MaxRequestsPerChild 0
```

```
</IfModule>
........................                    // 省略内容
```

worker 参数说明如表 5-4 所示。

表 5-4 worker 参数表

参数	说明
ServerLimit	最大进程数，默认值是“16”
ThreadLimit	每个子进程的最大线程数，默认值是“64”
StartServers	服务器启动时建立的子进程数，默认值是“3”
MaxClients	允许同时接受的最大接入请求数量（最大线程数量）
MinSpareThreads	最小空闲线程数，默认值是“75”
MaxSpareThreads	最大空闲线程数，默认值是“250”
ThreadsPerChild	每个子进程建立的常驻执行线程数，默认值是 25
MaxRequestsPerChild	设置每个子进程在其生存期内允许服务的最大请求数量。设置为“0”，子进程将永远不会结束

（5）worker 参数调优

worker 由主控制进程生成 StartServers 个子进程，每个子进程中包含固定的 ThreadsPerChild 个线程数，各个线程独立地处理请求。

同样，为了不在请求到来时再生成线程，MinSpareThreads 和 MaxSpareThreads 设置了最少和最多的空闲线程数。

MaxClients 设置了同时连入的 Clients 最大总数。如果现有子进程中的线程总数不能满足负载，控制进程将派生新的子进程。

MinSpareThreads 和 MaxSpareThreads 的最大缺省值分别是 75 和 250。这两个参数对 Apache 的性能影响并不大，可以按照实际情况相应调节。

ThreadsPerChild 是 worker MPM 中与性能关系最密切的指令。ThreadsPerChild 的最大缺省值是 64，如果负载较大，64 也是不够的。这时就要显式使用 ThreadLimit 指令，它的最大缺省值是 20000。worker 模式下所能同时处理的请求总数是由子进程总数乘以 ThreadsPerChild 值决定的，应该大于等于 MaxClients。如果负载很大，现有的子进程数不能满足需求时，控制进程会派生新的子进程。默认最大的子进程总数是 16，加大时也需要显式声明 ServerLimit（最大值是 20000）。需要注意的是，如果显式声明了 ServerLimit，那么它乘以 ThreadsPerChild 的值必须大于等于 MaxClients，而且 MaxClients 必须是 ThreadsPerChild 的整数倍，否则 Apache 将会自动调节到一个相应值。

先使用系统中的配置进行 ab 压力测试。

```
[root@www extra]# ab -n2000 -c800 www.bt.com/index.html
........................                    // 省略内容
Concurrency Level:      800
Time taken for tests:   1.089 seconds
```

```
Complete requests:    2000
Failed requests:      0
Write errors:         0
Total transferred:    12302724 bytes
HTML transferred:     11670918 bytes
Requests per second:  1836.21 [#/sec] (mean)
Time per request:     435.680 [ms] (mean)
Time per request:     0.545 [ms] (mean, across all concurrent requests)
Transfer rate:        11030.47 [Kbytes/sec] received
………………………..                                //省略内容
```

可以看到 Time taken for tests 的值是变小了，说明性能上比 prefork 模式好。下面对参数进行调优设置。

① MaxClients 参数与 prefork 模式的设置方式相同，也是 2G 内存设置为 1000。

② MinSpareThreads 设置为 25，即最少有 25 个线程等待用户连接。

③ MaxSpareThreads 设置为 100，请求高峰期后，内存中最多有 100 个线程存在。

④ ThreadsPerChild 设置为 200，即每个子进程可以创建 200 个子线程工作。

⑤ MaxRequestsPerChild 设置为 1000，即子进程处理 1000 个请求后销毁。

⑥ StartServers 设置为 20，Apache 启动时创建 20 个子进程。

⑦ ServerLimit 设置为 40，最多可以创建 40 个子进程。

⑧ ThreadLimit 设置为 200，子进程可以创建的最大线程数。

```
[root@www extra]# vi httpd-mpm.conf
……………………………..                              //省略内容
<IfModule mpm_worker_module>
  ServerLimit          40
  ThreadLimit          200
  StartServers         20
  MaxClients           1000
  MinSpareThreads      25
  MaxSpareThreads      100
  ThreadsPerChild      200
  MaxRequestsPerChild  1000
</IfModule>……………………………..               //省略内容
```

重启服务器后进行压力测试。

```
[root@www extra]# ab -n2000 -c800 www.bt.com/index.html
………………………..                                //省略内容
Concurrency Level:     800
Time taken for tests:  0.745 seconds
Complete requests:     2000
Failed requests:       0
Write errors:          0
Total transferred:     12625536 bytes
HTML transferred:      11977152 bytes
Requests per second:   2685.05 [#/sec] (mean)
Time per request:      297.946 [ms] (mean)
```

```
Time per request:      0.372 [ms] (mean, across all concurrent requests)
Transfer rate:         16552.85 [Kbytes/sec] received
.........................                   // 省略内容
```

Time taken for tests 只用了 0.745 秒，可见性能有所提升。

实际测试的时候，每次完成时间都会有所不同，需要多次调整参数进行测试，才能找到针对当前环境最优的方案。

（6）prefork 和 worker 模式的比较

prefork 模式使用多个子进程，每个子进程只有一个线程。每个进程在某个确定的时间只能维持一个连接。在大多数平台上，prefork MPM 在效率上比 worker MPM 要高，但是内存使用要大得多。prefork 的无线程设计在某些情况下将比 worker 更有优势：它可以使用那些没有处理好线程安全的第三方模块，并且对于那些线程调试困难的平台而言，它也更容易调试一些。

worker 模式使用多个子进程，每个子进程有多个线程。每个线程在某个确定的时间只能维持一个连接。通常来说，在一个高流量的 HTTP 服务器上，worker MPM 是个比较好的选择，因为 worker MPM 的内存使用比 prefork MPM 要低得多。但 worker MPM 也有不完善的地方，如果一个线程崩溃，整个进程也会连同其所有线程一起“死掉”。由于线程共享内存空间，所以一个程序在运行时必须被系统识别为“每个线程都是安全的”。实际应用中更推荐 prefork 的方式。

总的来说，prefork 方式速度要稍高于 worker，然而它需要的 CPU 和 memory 资源也稍多于 worker。

5.3 目录属性优化

给指定的文件夹配置对应的访问权限是 Apache 配置中的基础应用，也是 Apache 使用者的必备技能之一。在 Apache 配置文件中，给指定目录设置基本的访问权限，主要是靠 Allow、Deny、Order 三个指令的配合使用来实现的。

1. 目录属性介绍

Apache 的常用目录属性如表 5-5 所示。

表 5-5　目录属性参数表

参数	作用
Options	设置在特定目录使用哪些特性
AllowOverride	允许存在于 .htaccess 文件中的指令类型
Order	控制在访问时 Allow 和 Deny 两个访问规则哪个优先
Allow	允许访问的主机列表
Deny	拒绝访问的主机列表

共中 Options 的参数如表 5-6 所示。

表 5-6　Options 选项参数表

参数	作用
Indexes	当用户访问该目录，但没有指定要访问哪个文件，而且目录下不存在默认网页时，返回目录中的文件和子目录列表
MultiViews	内容协商的多重视图——Apache 的一个智能特性。当访问目录中不存在的对象时，如访问 http://192.168.16.177/icons/a，Apache 会查找这个目录下所有 a.* 文件，如有 a.gif 文件，会将 a.gif 返回，而不返回错误信息
ExecCGI	允许在该目录下执行 CGI 脚本
FollowSymLinks	在该目录下允许文件系统使用符号连接
Includes	允许服务器端包含功能
IncludesNoExec	允许服务器端包含功能，但禁止执行 CGI 脚本
All	包含除了 MultiViews 之外的所有特性，如果没有 Options 语句，默认为 All

打开 httpd.conf 配置文件查看目录属性设置。

```
[root@www conf]# vi httpd.conf
........................                                    // 省略内容
<Directory "/usr/local/httpd/htdocs">
Options Indexes FollowSymLinks
AllowOverride None
Order allow,deny
Allow from all
</Directory>
........................                                    // 省略内容
```

AllowOverride None：当 AllowOverride 被设置为 None 时，不搜索该目录下的 .htaccess 文件，能减小服务器开销。.htaccess 文件是针对一个目录的属性文件，而现在我们设置的是整个站点的属性。

Order allow,deny：表示 allow 规则优先处理。

Allow from all：允许所有的用户访问。

2. 目录属性测试

（1）Indexes 参数

下面在 Apache 的工作目录 /usr/local/httpd/htdocs 中创建新的文件夹 list，复制 index.html 到 list 里面，且重新命名为 1.html、2.html、3.html。

```
[root@www conf]# cd /usr/local/httpd/htdocs/
[root@www htdocs]# mkdir list
[root@www htdocs]# cp index.html list/1.index.html
[root@www htdocs]# cp index.html list/2.index.html
[root@www htdocs]# cp index.html list/3.index.html
```

用浏览器访问 http://www.bt.com/list。根据上面的目录属性 Indexes，当没有指定访问的网页和默认网页存在时，返回给客户端文件列表，如图 5.1 所示。

（2）FollowSymLinks 参数

在 /usr/local/httpd/htdocs/list 目录中创建符号链接。

```
[root@www htdocs]# cd list
[root@www list]# ln -s /usr/share/man doc
```

再次请求网页，FollowSymLinks 发挥作用，符号链接的目录被显示出来，如图 5.2 所示。

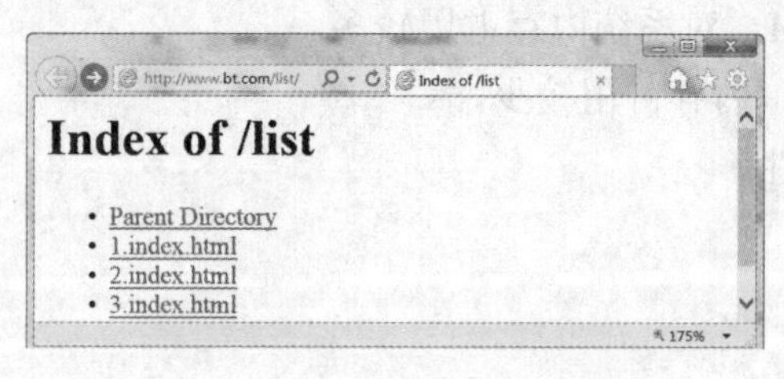

图 5.1　Indexes 列表显示目录

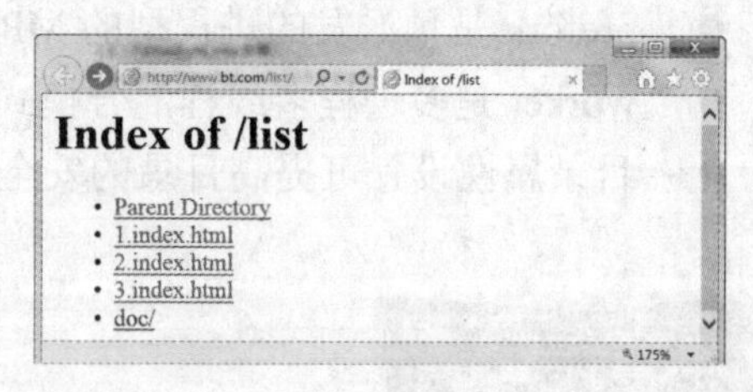

图 5.2　FollowSymLinks 允许符号链接目录

（3）MultiViews 参数

在 httpd.conf 中加入 MultiViews 参数，然后创建 aaa.html 文件。

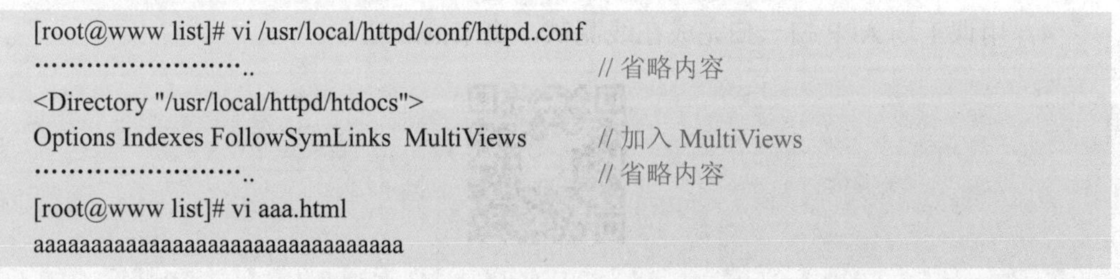

```
[root@www list]# vi /usr/local/httpd/conf/httpd.conf
..........................                              // 省略内容
<Directory "/usr/local/httpd/htdocs">
Options Indexes FollowSymLinks  MultiViews              // 加入 MultiViews
..........................                              // 省略内容
[root@www list]# vi aaa.html
aaaaaaaaaaaaaaaaaaaaaaaaaaaaaaaa
```

重启服务器后只需要用 aaa 即可访问到 aaa.html，如图 5.3 所示，MultiViews 起了作用。

图 5.3　MultiViews 允许智能路径

（4）AllowOverride

AllowOverride All 可在 .htaccess 文件中使用所有访问控制，也包括上一章讲到的重写模块，.htaccess 可以对不同目录进行不同权限的配置。

.htaccess 后缀名可以更改，在 /usr/local/httpd/conf/extra 中由 AccessFileName 更改。

3. 目录优化建议

Options 应该设置为 None，以防止目录上的内容暴露出去，形成安全隐患。

AllowOverride 应该设置为 None，禁止使用 .htaccess 文件，而将目录访问控制放在主配置文件的 <Directory> 和 </Directory> 之间。

Allow 和 Deny 由企业需要决定，用于控制客户端访问。

本章总结

- Apache 优化后，需要用 ab 工具进行压力测试，找到服务器最优配置参数。
- prefork 是预派发的进程型的 MPM，对系统内存占用较多。
- worker 是多进程多线程混合模式，内存占用较少。
- 目录属性设置可提高目录的安全性。

本章作业

1. ab 工具的使用格式和参数是什么？
2. prefork 模式的特点是什么？
3. worker 模式的特点是什么？
4. 用课工场 APP 扫一扫完成在线测试，快来挑战吧！

第6章

Nginx 服务与 LNMP 部署

技能目标

- 学会 Nginx 网站服务的基本构建
- 了解 Nginx 访问控制实现的方法
- 掌握 Nginx 部署虚拟主机的方法
- 掌握 LNMP 架构的部署
- 理解 PHP-FPM 模块

本章导读

在各种网站服务器软件中，除了 Apache HTTP Server 外，还有一款轻量级的 HTTP 服务器软件——Nginx，由俄罗斯的 Igor Sysoev 开发，其稳定、高效的特性逐渐被越来越多的用户认可。本章将讲解 Nginx 服务的基本构建、访问控制方式和虚拟主机的搭建，还有应用广泛的 LNMP 架构服务器的部署方式，并对 PHP-FPM 模块如何支持 PHP 语言进行讨论。

APP 扫码看视频

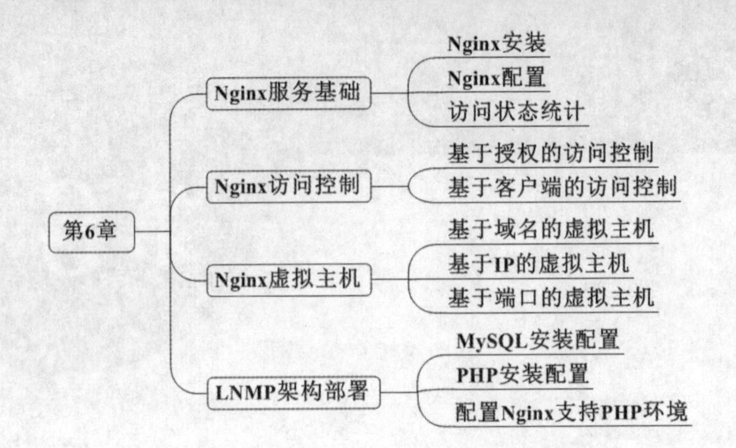

6.1 Nginx 服务基础

Nginx（发音为 [engine x]）专为性能优化而开发，其最知名的优点是它的稳定性和低系统资源消耗，以及对 HTTP 并发连接的高处理能力（单台物理服务器可支持 30 000 ～ 50 000 个并发请求）。正因为如此，大量提供社交网络、新闻资讯、电子商务及虚拟主机等服务的企业纷纷选择 Nginx 来提供 Web 服务。

本节将分别介绍 Nginx 1.6 基于 CentOS 6.5 和 Nginx 1.10 基于 CentOS 7.3 的安装配置。

6.1.1 Nginx 1.6 安装及运行控制

Nginx 安装文件可以从官方网站 http://www.nginx.org/ 下载。下面以稳定版 1.6.0 为例，介绍 Nginx 的安装和运行控制。

1. 编译安装 Nginx

（1）安装支持软件

Nginx 的配置及运行需要 pcre、zlib 等软件包的支持，因此应预先安装这些软件的开发包（devel），以便提供相应的库和头文件，确保 Nginx 的安装顺利完成。

```
[root@localhost ~]# yum -y install pcre-devel zlib-devel
```

（2）创建运行用户、组

Nginx 服务程序默认以 nobody 身份运行，建议为其创建专门的用户账号，以便更准确地控制其访问权限，增加灵活性、降低安全风险。例如，创建一个名为 nginx 的用户，不建立宿主文件夹，也禁止登录到 Shell 环境。

```
[root@localhost ~]# useradd -M -s /sbin/nologin nginx
```

（3）编译安装 Nginx

配置 Nginx 的编译选项时，将安装目录设为 /usr/local/nginx，运行用户和组均设为

nginx；启用 http_stub_status_module 模块以支持状态统计，便于查看服务器的连接信息。具体选项根据实际需要来定，配置前可参考“./configure --help”给出的说明。

```
[root@localhost ~]# tar zxf nginx-1.6.0.tar.gz
[root@localhost ~]# cd nginx-1.6.0
[root@localhost nginx-1.6.0]# ./configure --prefix=/usr/local/nginx --user= nginx --group=nginx
--with-http_stub_status_module
[root@localhost nginx-1.6.0]# make
[root@localhost nginx-1.6.0]# make install
```

为了使 Nginx 服务器的运行更加方便，可以为主程序 nginx 创建链接文件，以便管理员直接执行“nginx”命令就可以调用 Nginx 的主程序。

```
[root@localhost nginx-1.6.0]# ln -s /usr/local/nginx/sbin/nginx /usr/local/sbin/
[root@localhost nginx-1.6.0]# ls -l /usr/local/sbin/nginx
lrwxrwxrwx 1 root root 27 7 月 19 21:09 /usr/local/sbin/nginx -> /usr/local/nginx/sbin/nginx
```

2. Nginx 的运行控制

（1）检查配置文件

与 Apache 的主程序 httpd 类似，Nginx 的主程序也提供了“-t”选项来对配置文件进行检查，以便找出不当或错误的配置。配置文件 nginx.conf 默认位于安装目录下的 conf/ 子目录中。若要检查位于其他位置的配置文件，可使用“-c”选项来指定路径。

```
[root@localhost ~]# nginx -t
nginx: the configuration file /usr/local/nginx/conf/nginx.conf syntax is ok
nginx: configuration file /usr/local/nginx/conf/nginx.conf test is successful
```

（2）启动、停止 Nginx

直接运行 Nginx 即可启动 Nginx 服务器，这种方式将使用默认的配置文件，若要改用其他配置文件，需添加“-c 配置文件路径”选项来指定路径。需要注意的是，若服务器中已装有 httpd 等其他 Web 服务软件，应采取措施如修改端口、停用或卸载等以避免冲突。

```
[root@localhost ~]# nginx
```

通过检查 Nginx 程序的监听状态，或者在浏览器中访问此 Web 服务（默认页面将显示“Welcome to nginx!”），可以确认 Nginx 服务是否正常运行。

```
[root@localhost ~]# netstat -anpt | grep nginx
tcp    0    0 0.0.0.0:80    0.0.0.0:*    LISTEN    3534/nginx
[root@localhost ~]# yum –y install elinks
[root@localhost ~]# elinks http://localhost                    // 使用 elinks 浏览器
// 显示“Welcome to nginx!”页面，表明 Nginx 服务已经正常运行
```

主程序 Nginx 支持标准的进程信号，通过 kill 或 killall 命令发送 HUP 信号表示重载配置，发送 QUIT 信号表示退出进程，发送 KILL 信号表示杀死进程。例如，若使用 killall 命令，重载配置、停止服务的操作分别如下所示（通过“-s”选项指定信号种类）。

```
[root@localhost ~]# killall -s HUP nginx                     // 选项 -s HUP 等同于 -1
[root@localhost ~]# killall -s QUIT nginx                    // 选项 -s QUIT 等同于 -3
```

当 Nginx 进程运行时，PID 号默认存放在 logs/ 目录下的 nginx.pid 文件中，因此若改用 kill 命令，也可以根据 nginx.pid 文件中的 PID 号来进行控制。

（3）使用 Nginx 服务脚本

为了使 Nginx 服务的启动、停止、重载等操作更加方便，可以编写 Nginx 服务脚本，并使用 chkconfig 和 service 工具来进行管理，也更加符合 RHEL 系统的管理习惯。

```
[root@localhost ~]# vi /etc/init.d/nginx
#!/bin/bash
# chkconfig: - 99 20
# description: Nginx Service Control Script
PROG="/usr/local/nginx/sbin/nginx"                  // 主程序路径
PIDF="/usr/local/nginx/logs/nginx.pid"              //PID 存放路径
case "$1" in
 start)
   $PROG
   ;;
 stop)
   kill -s QUIT $(cat $PIDF)                        // 根据 PID 终止 Nginx 进程
   ;;
 restart)
   $0 stop
   $0 start
   ;;
 reload)
   kill -s HUP $(cat $PIDF)                         // 根据进程号重载配置
   ;;
 *)
     echo "Usage: $0 {start|stop|restart|reload}"
     exit 1
esac
exit 0
[root@localhost ~]# chmod +x /etc/init.d/nginx
[root@localhost ~]# chkconfig --add nginx           // 添加为系统服务
```

这样一来，就可以通过 Nginx 脚本来启动、停止、重启、重载 Nginx 服务器了，方法是在执行时添加相应的 start、stop、restart、reload 参数。

6.1.2 配置文件 nginx.conf

在 Nginx 服务器的主配置文件 /usr/local/nginx/conf/nginx.conf 中，包括全局配置、I/O 事件配置和 HTTP 配置这三大块内容，配置语句的格式为“关键字 值；”（末尾以分号表示结束），以“#”开始的部分表示注释。

1. 全局配置

由各种配置语句组成，不使用特定的界定标记。全局配置部分包括 Nginx 服务的运行用户、工作进程数、错误日志、PID 存放位置等基本设置。

```
#user  nobody;                  // 运行用户
worker_processes  1;            // 工作进程数量
#error_log logs/error.log;      // 错误日志文件的位置
#pid logs/nginx.pid;            // PID 文件的位置
```

上述配置中，worker_processes 表示工作进程的数量。若服务器有多块 CPU 或者使用多核处理器，可以参考 CPU 核心总数来指定工作进程数，如设为 8；如果网站访问量需求并不大，一般设为 1 就够用了。其他三项配置均已有注释，表示采用默认设置，例如，Nginx 的运行用户实际是编译时指定的 nginx，若编译时未指定则默认为 nobody。

2. I/O 事件配置

使用“events { }” 界定标记，用来指定 Nginx 进程的 I/O 响应模型、每个进程的连接数等设置。对于 2.6 及以上版本的内核，建议使用 epoll 模型以提高性能；每个进程的连接数应根据实际需要来定，一般在 10 000 以下（默认为 1024）。

```
events {
    use epoll;                          // 使用 epoll 模型
    worker_connections  4096;           // 每进程处理 4096 个连接
}
```

若工作进程数为 8，每个进程处理 4 096 个连接，则允许 Nginx 正常提供服务的连接数已超过 3 万个（4 096×8=32 768），当然具体还要看服务器硬件、网络带宽等物理条件的性能表现。

3. HTTP 配置

使用“http { }”界定标记，包括访问日志、HTTP 端口、网页目录、默认字符集、连接保持，以及后面要讲到的虚拟 Web 主机、PHP 解析等一系列设置，其中大部分配置语句都包含在子界定标记“server { }”内。

```
http {
    include mime.types;
    default_type application/octet-stream;
    log_format main '$remote_addr - $remote_user [$time_local] "$request" '
                '$status $body_bytes_sent "$http_referer" '
                '"$http_user_agent" "$http_x_forwarded_for"';
    access_log logs/access.log main;                // 访问日志位置
    sendfile on;                                    // 支持文件发送（下载）
    #tcp_nopush on;
    #keepalive_timeout 0;
    keepalive_timeout 65;                           // 连接保持超时
    #gzip on;
```

```
server {                                          // Web 服务的监听配置
    listen 80;                                    // 监听地址及端口
    server_name www.bt.com;                       // 网站名称（FQDN）
    charset utf-8;                                // 网页的默认字符集
    location/{                                    // 根目录配置
        root html;                                // 网站根目录的位置
        index index.html index.php;               // 默认首页（索引页）
    }
    error_page 500 502 503 504/50x.html;          // 内部错误的反馈页面
    location = /50x.html {                        // 错误页面配置
        root html;
    }
  }
}
```

上述配置中，listen 语句允许同时限定 IP 地址，采用“IP 地址 : 端口”形式；root 语句用来设置特定访问位置（如“location /”表示根目录）的网页文档路径，默认为 Nginx 安装目录下的 html/ 子目录，根据需要可改为 /var/www/html 等其他路径。

6.1.3 访问状态统计

Nginx 内置了 HTTP_STUB_STATUS 状态统计模块，用来反馈当前的 Web 访问情况，配置编译参数时可添加 --with-http_stub_status_module 来启用此模块支持，可使用命令 /usr/local/nginx/sbin/nginx –V 来查看已安装的 Nginx 是否包含 HTTP_STUB_STATUS 模块。

要使用 Nginx 的状态统计功能，除了启用内建模块以外，还需要修改 nginx.conf 配置文件，指定访问位置并添加 stub_status 配置代码。

```
[root@localhost ~]# vi /usr/local/nginx/conf/nginx.conf
……                                          // 省略部分信息
http {
    ……                                      // 省略部分信息
  server {
    listen 80;
    server_name www.bt.com;
    charset utf-8;
    location/{
        root html;
        index index.html index.php;
    }
    location/status {                       // 访问位置为 /status
        stub_status on;                     // 打开状态统计功能
        access_log off;                     // 关闭此位置的日志记录
    }
  }
}
[root@localhost ~]# service nginx restart
```

新的配置生效以后，在浏览器中访问 Nginx 服务器的 /status 网站位置，可以看到当前的状态统计信息，如图 6.1 所示。其中，“Active connections”表示当前的活动连接数（2）；而“server accepts handled requests”表示已经处理的连接信息，三个数字依次表示已处理的连接数（2）、成功的 TCP 握手次数（2）、已处理的请求数（14）。

图 6.1 Nginx 的状态统计页面

6.1.4 Nginx 1.10 安装及运行控制

Nginx 1.10 的安装与 Nginx 1.6 的安装步骤基本相同，这里不再赘述。基于 CentOS 7.3 的 Nginx 服务脚本使用 systemctl 工具来进行管理。

```
[root@localhost ~]# vim /lib/systemd/system/nginx.service
[Unit]
Description=nginx                                        // 描述
After=network.target                                     // 描述服务类别

[Service]
Type=forking                                             // 后台运行形式
PIDFile=/usr/local/nginx/logs/nginx.pid                  // PID 文件位置
ExecStart=/usr/local/nginx/sbin/nginx                    // 启动服务
ExecReload=/usr/bin/kill -s HUP $MAINPID                 // 根据 PID 重载配置
ExecStop=/usr/bin/kill -s QUIT $MAINPID                  // 根据 PID 终止进程
PrivateTmp=true

[Install]
WantedBy=multi-user.target

[root@localhost ~]# chmod 754 /lib/systemd/system/nginx.service
[root@localhost ~]# systemctl enable nginx.service
```

6.2 Nginx 访问控制

6.2.1 基于授权的访问控制

1. 基于授权的访问控制简介

Nginx 与 Apahce 一样，可以实现基于用户授权的访问控制，当客户端想要访问相应的网站或者目录时，要求用户输入用户名和密码才能正常访问，配置步骤与 Apache 基本一致。

之前我们讲过，Apache 网页认证实现步骤可概括为：

① 生成用户密码认证文件。

② 修改主配置文件相对应目录，添加认证配置项。

③ 重启服务，访问测试。

2. 基于授权的访问控制步骤

Nginx 实现授权访问控制的步骤如下：

① 使用 htpasswd 生成用户认证文件，如果没有该命令，可使用 yun 安装 httpd-tools 软件包，用法与 Apache 认证时方式相同，如：htpasswd -c /usr/local/nginx/passwd.db test。

```
[root@www ~]# htpasswd -c /usr/local/nginx/passwd.db test
New password:
Re-type new password:
Adding password for user test
root@www ~]# cat /usr/local/nginx/passwd.db
test:$apr1$a/bROo/G$ayR7L9OPIUkLrGJ8z/RG//
```

在 /usr/local/nginx/ 目录下生成了 passwd.db 文件，用户名是 test，密码输入 2 次。在 passwd.db 中生成用户和密码的密文。

② 修改密码文件的权限为 400，将所有者改为 nginx，设置 nginx 的运行用户能够读取。

```
[root@www ~]# chmod 400 /usr/local/nginx/passwd.db
[root@www ~]# chown nginx /usr/local/nginx/passwd.db
[root@www ~]# ll -d /usr/local/nginx/passwd.db
-r-------- 1 nginx root 43 5 月  25 15:13 /usr/local/nginx/passwd.db
```

③ 修改主配置文件 nginx.conf，添加相应认证配置项。

```
[root@www nginx]# vi /usr/local/nginx/conf/nginx.conf
server {
    location / {
        auth_basic "secret";                        // 添加认证配置
        auth_basic_user_file /usr/local/nginx/passwd.db;
    }
```

④ 检测语法、重启服务。

```
[root@www nginx]# nginx -t
nginx: the configuration file /usr/local/nginx/conf/nginx.conf syntax is ok
nginx: [warn] 4096 worker_connections exceed open file resource limit: 1024
nginx: configuration file /usr/local/nginx/conf/nginx.conf test is successful
[root@www nginx]# ulimit -n 65530                   // 增加连接限制数量
```

```
[root@www nginx]# nginx -t
nginx: the configuration file /usr/local/nginx/conf/nginx.conf syntax is ok
nginx: configuration file /usr/local/nginx/conf/nginx.conf test is successful
[root@www nginx]# service nginx restart
```

⑤ 用浏览器访问网址，检验控制效果，如图 6.2 所示。

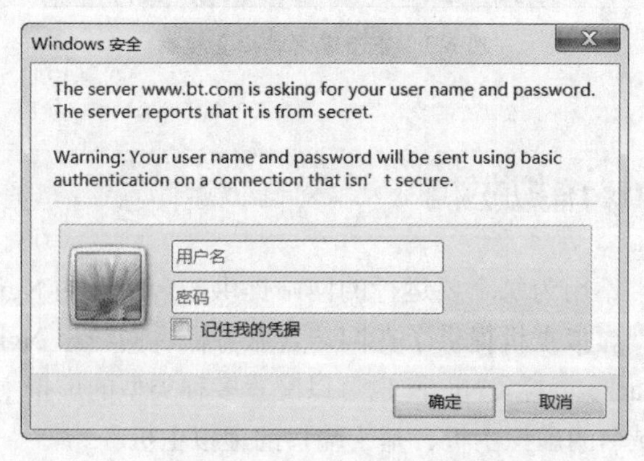

图 6.2　基于授权安全控制

需要输入用户名和密码进行访问，验证通过才能访问到页面。

6.2.2　基于客户端的访问控制

1. 基于客户端的访问控制简介

基于客户端的访问控制是通过客户端 IP 地址，决定是否允许对页面访问。Nginx 基于客户端的访问控制要比 Apache 简单，规则如下：

① deny IP/IP 段：拒绝某个 IP 或 IP 段的客户端访问。

② allow IP/IP 段：允许某个 IP 或 IP 段的客户端访问。

③ 规则从上往下执行，如匹配则停止，不再往下匹配。

2. 基于客户端的访问控制步骤

Nginx 实现客户端访问控制的步骤如下：

① 修改主配置文件 nginx.conf，添加相应配置项。

```
[root@www nginx]# vi /usr/local/nginx/conf/nginx.conf
server {
    location / {
      deny 192.168.85.1;                    // 客户端 IP
      allow all;
    }
```

Deny 192.168.85.1 表示这个 IP 地址访问会被拒绝，其他 IP 客户端正常访问。

② 重启服务器访问网址，页面已经访问不到，如图 6.3 所示。

图 6.3　基于客户端安全控制

6.3 Nginx 虚拟主机

利用虚拟主机，不用为每个要运行的网站提供一台单独的 Nginx 服务器或单独运行一组 Nginx 进程，虚拟主机提供了在同一台服务器、同一组 Nginx 进程上运行多个网站的功能。跟 Apache 一样，Nginx 也可以配置多种类型的虚拟主机，分别是基于 IP 的虚拟主机、基于域名的虚拟主机、基于端口的虚拟主机。

使用 Nginx 搭建虚拟主机服务器时，每个虚拟 Web 站点拥有独立的“server{}”配置段，各自监听的 IP 地址、端口号可以单独指定，当然网站名称也是不同的。

1. 基于域名的虚拟主机

① 修改 Windows 客户机的 C:\Windows\System32\drivers\etc\hosts 文件，加入 www.bt.com 和 www.test.com 这两个域名，它们都指向同一个服务器 IP 地址，用于实现不同的域名访问不同的虚拟主机。

```
192.168.85.135  www.bt.com  www.test.com
```

② 准备各个网站的目录和测试首页。

```
[root@www www]# mkdir -p /var/www/html/btcom/               //创建 www.bt.com 的根目录
[root@www www]# mkdir -p /var/www/html/testcom/             //创建 www.test.com 的根目录
[root@www btcom]# vi /var/www/html/btcom/index.html         //创建默认页
www.bt.com                                                  //网页里的内容
[root@www btcom]# vi /var/www/html/testcom/index.html
www.test.com                                                //网页里的内容
```

③ 修改配置文件，把配置文件中的 server{} 代码段全部去掉，加入 2 个新的 server{} 段，对应 2 个域名。

```
[root@www btcom]# cd /usr/local/nginx/conf/
[root@www conf]# vi nginx.conf
server {                                                    //加入 www.bt.com 对应的站点
    listen 80;                                              //监听地址
    server_name  www.bt.com;
    charset utf-8;
    access_log logs/www.bt.access.log main;                 //日志文件
```

```
        location/{
            root /var/www/html/btcom;                      // www.bt.com 的工作目录
            index index.html index.htm;
        }
        error_page 500 502 503 504/50x.html;
        location = 50x.html{
            root html;
        }
    }
    server {                                               // 加入 www.test.com 对应的站点
        listen 80;
        server_name www.test.com;                          // 监听地址
        charset utf-8;
        access_log logs/www.test.access.log  main;         // 日志文件
        location/{
            root/var/www/html/testcom;                     // www.test.com 的工作目录
            index index.html index.htm;
        }
        error_page 500 502 503 504/50x.html;
        location = 50x.html{
            root html;
        }
     }
    [root@www conf]# nginx –t                              // 检测配置文件的语法
    nginx: the configuration file /usr/local/nginx/conf/nginx.conf syntax is ok
    nginx: configuration file /usr/local/nginx/conf/nginx.conf test is successful
```

④ 分别访问 2 个域名，如图 6.4、图 6.5 所示，查看是否访问到不同的页面，测试配置是否成功。

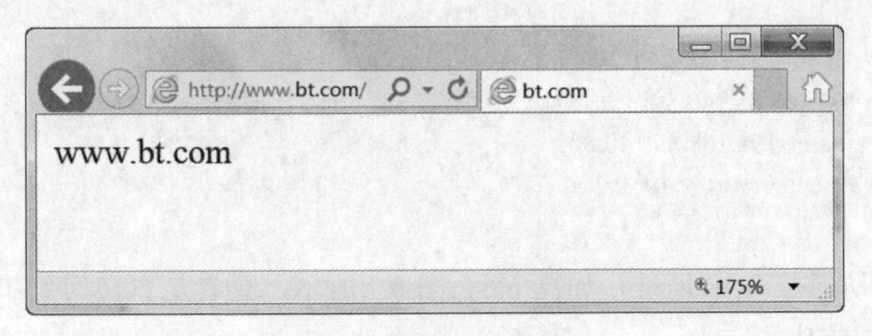

图 6.4　基于域名虚拟主机 1

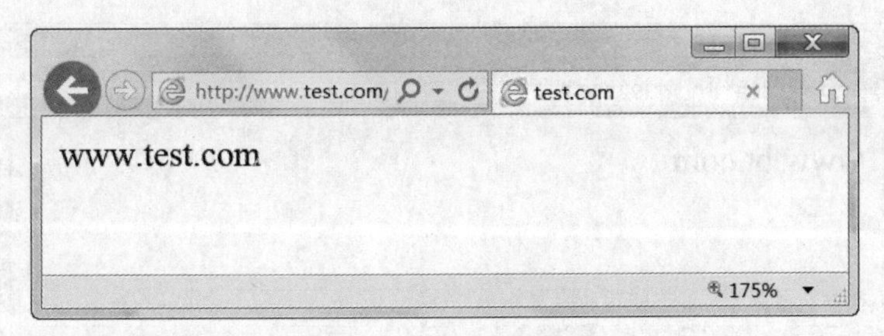

图 6.5　基于域名虚拟主机 2

2. 基于 IP 的虚拟主机

① 一台主机如果有多个 IP 地址，可以设置每一个 IP 对应一个站点。主机安装多个网卡可以有多个 IP，这里采用虚拟 IP 的方式使主机有多个 IP。

```
[root@www conf]# ip addr
................................................                    // 省略内容
   inet 192.168.85.135/24 brd 192.168.85.255 scope global eth0
................................................                    // 省略内容
```

目前主机有一个网卡，IP 地址是 192.168.85.135。再配置一个虚拟 IP 为 192.168.85.140。

```
[root@www conf]# ifconfig eth0:0 192.168.85.140
[root@www conf]# ip addr
................................................                    // 省略内容
   inet 192.168.85.135/24 brd 192.168.85.255 scope global eth0
   inet 192.168.85.140/24 brd 192.168.85.255 scope global secondary
................................................                    // 省略内容
```

② 以 /var/www/html/testcom 和 /var/www/html/btcom 为两个站点的根目录，修改 Nginx 的配置文件，使基于 IP 的虚拟主机生效。这里省略了和基于域名虚拟主机的相同配置代码。

```
[root@www conf]# vi nginx.conf
server {
      listen 192.168.85.135:80;                             // 监听 192.168.85.135
      server_name  192.168.85.135:80;
..........................................                  // 省略内容
}
server {
      listen 192.168.85.140:80;                             // 监听 192.168.85.140
      server_name 192.168.85.140:80;
..........................................                  // 省略内容
 }
```

③ 分别访问 2 个 IP 地址，如图 6.6、图 6.7 所示，查看是否访问到不同的页面，测试配置是否成功。

图 6.6　基于 IP 虚拟主机 1

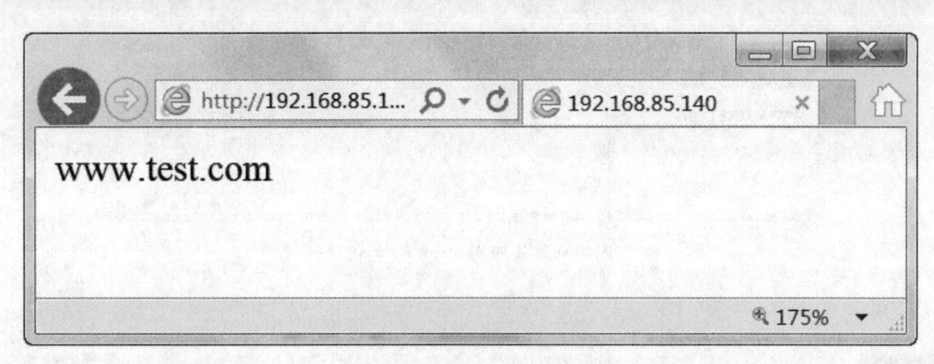

图 6.7　基于 IP 虚拟主机 2

3. 基于端口的虚拟主机

① 选择系统中不使用的端口，将多个端口映射到同一 IP 地址。

```
[root@www conf]# vi nginx.conf
server {
    listen 192.168.85.135:6666;                    // 监听 6666 端口
    server_name  192.168.85.135:6666;
……………………………………..                      // 省略内容
}
server {
    listen 192.168.85.135:8888;                    // 监听 8888 端口
    server_name  192.168.85.135:8888;
……………………………………..                      // 省略内容
 }
```

② 检测端口是否运行正常。

```
[root@www conf]# service nginx stop
[root@www conf]# service nginx start
[root@www conf]# vi nginx.conf
[root@www conf]# netstat -anpt | grep nginx
tcp        0      0 192.168.85.135:6666        0.0.0.0:*              LISTEN      97063/nginx
tcp        0      0 192.168.85.135:8888        0.0.0.0:*              LISTEN      97063/nginx
```

③ 分别访问 2 个端口地址，如图 6.8、图 6.9 所示，查看是否访问到不同的页面，测试配置是否成功。

图 6.8　基于端口虚拟主机 1

图 6.9　基于端口虚拟主机 2

6.4 LNMP 架构部署

众所周知，LAMP 平台是目前应用最为广泛的网站服务器架构，其中的“A”对应着 Web 服务软件 Apache HTTP Server。随着 Nginx 在企业中的使用越来越多，LNMP（或 LEMP）架构也受到越来越多 Linux 系统工程师的青睐，其中的“E”就来自于 Nginx 的发音 [engine x]。

就像构建 LAMP 平台一样，构建 LNMP 平台也需要 Linux 服务器、MySQL 数据库和 PHP 解析环境，区别主要在 Nginx 与 PHP 的协作配置上。

1. 安装 MySQL 数据库

为了与 Nginx、PHP 环境保持一致，这里仍选择采用源代码编译的方式安装 MySQL 组件。以 5.5.22 版本为例，安装过程如下所述。

（1）编译安装 MySQL

```
[root@localhost ~]# yum -y install ncurses-devel

[root@localhost ~]# tar zxvf cmake-2.8.6.tar.gz
[root@localhost ~]# cd cmake-2.8.6
[root@localhost cmake-2.8.6]# ./configure
[root@localhost cmake-2.8.6]# gmake
[root@localhost cmake-2.8.6]# gmake install

[root@localhost ~]# tar zxvf mysql-5.5.22.tar.gz
[root@localhost ~]# cd mysql-5.5.22
[root@localhost mysql-5.5.22]# cmake -DCMAKE_INSTALL_PREFIX=/usr/local/mysql
-DDEFAULT_CHARSET=utf8 -DDEFAULT_COLLATION=utf8_general_ci -DWITH_EXTRA_
CHARSETS=all -DSYSCONFDIR=/etc
[root@localhost mysql-5.5.22]# make && make install
```

（2）优化调整

```
[root@localhost mysql-5.5.22]# cp support-files/my-medium.cnf /etc/my.cnf
[root@localhost mysql-5.5.22]# cp support-files/mysql.server
/etc/rc.d/init.d/mysqld
[root@localhost mysql-5.5.22]# chmod +x /etc/rc.d/init.d/mysqld
```

```
[root@localhost mysql-5.5.22]# chkconfig --add mysqld
[root@localhost mysql-5.5.22]# echo "PATH=$PATH:/usr/local/mysql/bin" >>
/etc/profile
[root@localhost mysql-5.5.22]# . /etc/profile
```

（3）初始化数据库

```
[root@localhost mysql-5.5.22]# groupadd mysql
[root@localhost mysql-5.5.22]# useradd -M -s /sbin/nologin mysql -g mysql
[root@localhost mysql-5.5.22]# chown -R mysql:mysql /usr/local/mysql
[root@localhost mysql-5.5.22]# /usr/local/mysql/scripts/mysql_install_db
--basedir=/usr/local/mysql --datadir=/usr/local/mysql/data --user=mysql
```

（4）启动 mysql 服务

```
[root@localhost ~]# service mysqld start
[root@localhost ~]# mysqladmin -u root password 'pwd123'        //为 root 用户设置密码
```

2. 安装 PHP 解析环境

Nginx 配置网页动静分离、解析 PHP，有两种方法可以选择：使用 PHP 的 FPM 模块，或者将访问 PHP 页面的 Web 请求转交给 Apache 服务器去处理。

较新版本的 PHP 已经自带 FPM（FastCGI Process Manager，FastCGI 进程管理器）模块，用来对 PHP 解析实例进行管理和优化解析效率。FastCGI 将静态请求和动态脚本语言分离开，Nginx 专门处理静态请求，并转发动态请求给 PHP-FPM。单服务器的 LNMP 架构通常使用 FPM 的方式来解析 PHP。

① 使用 yum 工具安装 PHP 的依赖包。

```
[root@www mysql]# yum -y install libpng libpng-devel pcre pcre-devel  libxml2-devel libjepeg-devel
```

② 编译安装 PHP。

```
[root@www soft]# tar xf php-5.3.28.tar.gz -C /usr/src
[root@www soft]# cd /usr/src/php-5.3.28
[root@www php-5.3.28]# ./configure
--prefix=/usr/local/php5
--with-gd
--with-zlib
--with-mysql=/usr/local/mysql
--with-config-file-path=/usr/local/php5
--enable-mbstring
--enable-fpm                          //添加 fpm 模块
&& make && make install
```

③ 复制模板文件作为 PHP 的主配置文件。

```
[root@www php-5.3.28]# cp php.ini-development /usr/local/php5/php.ini
```

在开发时使用 php.ini-development 文件，而在生产环境复制 php.ini-production 文件。

④ 安装 ZendGuardLoader 用于提高 PHP 的解析效率，复制 ZendGuardLoader.so 文件到 /usr/local/php5/lib/php/ 下面。

```
[root@www soft]# tar xf ZendGuardLoader-php-5.3-linux-glibc23-x86_64.tar.gz
[root@www soft]# cd ZendGuardLoader-php-5.3-linux-glibc23-x86_64/php-5.3.x/
[root@www php-5.3.x]# cp ZendGuardLoader.so /usr/local/php5/lib/php/
```

修改 PHP 的主配置文件，开启 ZendGuardLoader 模块。

```
[root@www php5]# vi /usr/local/php5/php.ini
zend_extension=/usr/local/php5/lib/php/ZendGuardLoader.so
zend_loader.enable=1                                    //1 表示开启
```

3. 配置 Nginx 支持 PHP 环境

（1）PHP-FPM 模块配置

① 复制模板文件 php-fpm.conf.default 作为 PHP-FPM 的配置文件。

```
[root@www ~]# cd /usr/local/php5/etc
[root@www etc]# cp php-fpm.conf.default php-fpm.conf
```

② 修改 php-fpm.conf 配置文件。

```
[root@www etc]# vi php-fpm.conf
……………………………………………….                     // 省略内容
pid = run/php-fpm.pid                                   // 去掉前面的分号，确定 pid 文件位置
……………………………………………….
user = nginx                                            // 表示由 nginx 用户调用
group = nginx
……………………………………………….
pm.max_children = 50                                    // fpm 模块的最大进程数
……………………………………………….
pm.start_servers = 20                                   // 启动时开启的进程数
……………………………………………….
pm.min_spare_servers = 5                                // 最小空闲进程数
……………………………………………….
pm.max_spare_servers = 20                               // 最大空闲进程数
```

③ 启动 PHP-FPM 模块，进程使用 9000 端口。

```
// 设置软链接，方便命令使用
[root@www etc]# ln -s /usr/local/php5/bin/* /usr/local/bin
[root@www etc]# ln -s /usr/local/php5/sbin/* /usr/local/sbin
[root@www etc]# php-fpm                                 // 启动 fpm
[root@www etc]# netstat -anpt | grep php-fpm
tcp      0      0 127.0.0.1:9000          0.0.0.0:*
 LISTEN      91964/php-fpm
```

④ 修改 Nginx 的启动脚本，在 Nginx 启动时把 PHP-FPM 模块也同时启动。

```
[root@www etc]# vi /etc/init.d/nginx
```

```
#!/bin/bash
# chkconfig: 2345 99 20
# description:Nginx Server Control Script
PROG="/usr/local/sbin/nginx"
PIDF="/usr/local/nginx/logs/nginx.pid"
PROG_FPM="/usr/local/sbin/php-fpm"
PIDF_FPM="/usr/local/php5/var/run/php-fpm.pid"
case "$1" in
    start)
    $PROG
    $PROG_FPM
    ;;
    stop)
    kill -s QUIT  $(cat $PIDF)
    kill -s QUIT  $(cat $PIDF_FPM)
    ;;
    restart)
    $0 stop
    $0 start
    ;;
    reload)
    kill -s HUP $(cat $PIDF)
    ;;
    *)
   echo "Usage: $0 (start|stop|restart|reload)"
   exit 1
esac
exit 0
```

测试脚本是否运行正常。

```
// 停止 nginx，nginx 和 php-fpm 同时关闭，端口不再监听
[root@www sbin]# service nginx stop
[root@www sbin]# netstat -anpt | grep :9000
[root@www sbin]# netstat -anpt | grep :80
// 启动 nginx，nginx 和 php-fpm 同时开启，监听端口
[root@www sbin]# service nginx start
[root@www sbin]# netstat -anpt | grep :80
tcp      0     0 0.0.0.0:80              0.0.0.0:*
LISTEN      92283/nginx
tcp      0     0
[root@www sbin]# netstat -anpt | grep :9000
tcp      0     0 127.0.0.1:9000          0.0.0.0:*
LISTEN      92287/php-fpm
```

（2）配置 Nginx 支持 PHP 解析

① 在 Nginx 的主配置文件中的 server{} 配置段，将 PHP 的网页请求转给 FPM 模块处理。

```
[root@www php5]# cd /usr/local/nginx/conf/
[root@www conf]# cp nginx.conf nginx.conf.bak          //修改前做备份
[root@www conf]# vi nginx.conf
server {
    listen 80;
    server_name  www.bt.com;
    location ~ \.php$ {
        root /var/www/btcom;                           //php 文件所在目录
        fastcgi_pass 127.0.0.1:9000;                   //php 文件转发给 php-fpm 模块
        fastcgi_index index.php;                       //默认文件是 index.php
        include fastcgi.conf;                          //包含 fastcgi 的配置文件
  }
  }
[root@www conf]# nginx –t                              //检测语法
nginx: the configuration file /usr/local/nginx/conf/nginx.conf syntax is ok
nginx: configuration file /usr/local/nginx/conf/nginx.conf test is successful
```

② 在 /var/www/btcom 下创建 php 测试页面。

```
[root@www conf]# service nginx stop
[root@www conf]# service nginx start
 [root@www conf]# mkdir -p /var/www/btcom              //创建目录
[root@www conf]# cd /var/www/btcom
[root@www btcom]# vi index.php                         //创建 php 文件
<?php
phpinfo();
?>
```

在浏览器中访问 php 文件，如图 6.10 所示，说明配置成功。

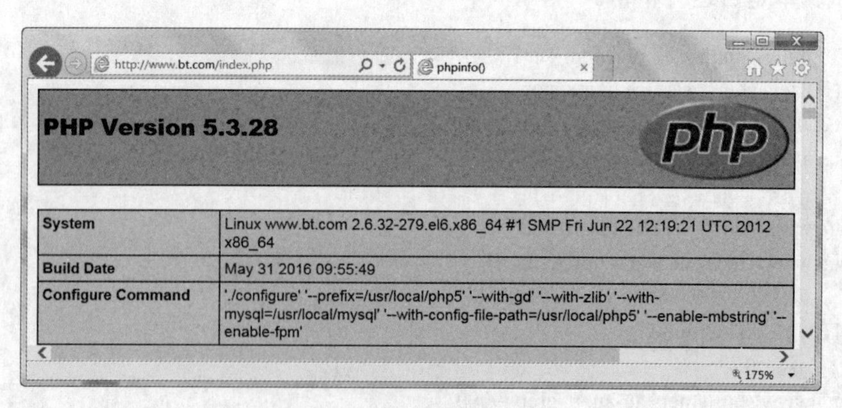

图 6.10　PHP 配置成功页面

③ 在 /var/www/btcom 下创建 php 连接 MySQL 测试页面。

```
[root@www conf]# cd /var/www/btcom
[root@www btcom]# vi testdb.php              //创建 php 连接数据库文件
<?php
```

```
$link=mysql_connect('localhost','root','123456');
if($link) echo "<h1>successfull</h1>";
mysql_close();
?>
```

然后用浏览器访问网址进行测试。

本章总结

- LNMP 平台的 N 表示 Nginx，是一款高性能的轻量级 Web 服务器软件，在稳定性、并发响应方面表现出色。
- Nginx 内建的访问统计功能由 stub_status 模块提供，需要在编译时启用“--with-http_stub_status_module”选项。
- Nginx 页面访问安全有基于授权和基于客户端两种方式。
- Nginx 虚拟主机搭建可基于 IP、域名和端口。
- Nginx 对 PHP 的支持可以通过两种方式实现：转交给其他 Web 服务器和调用本机的 php-fpm 进程。
- 在 LNMP 平台中部署 PHP 应用时，基本过程与在 LAMP 平台中的部署类似。

本章作业

1. 简述 Nginx 页面安全访问的方式。
2. 简述采用不同方式用 Nginx 服务器实现多个虚拟主机的参数。
3. 在 Nginx 的配置文件中，哪几个配置参数确定了正常服务的连接数？
4. 正确利用 include 配置参数，使用 Nginx 服务器实现 20 个虚拟 Web 主机。
5. 用课工场 APP 扫一扫完成在线测试，快来挑战吧！

随手笔记

第7章

LNMP应用部署与动静分离

技能目标

- 学会LNMP应用部署
- 学会构建Nginx+Apache动静分离

本章导读

在企业信息化应用环境中，LNMP架构已经得到了广泛的认可，不管是搭建网站还是应用程序开发，都具有良好的性能。使用Nginx处理静态网页，再加入Apache服务器作为动态语言处理方式，能更进一步地提升网站的服务体验。

APP 扫码看视频

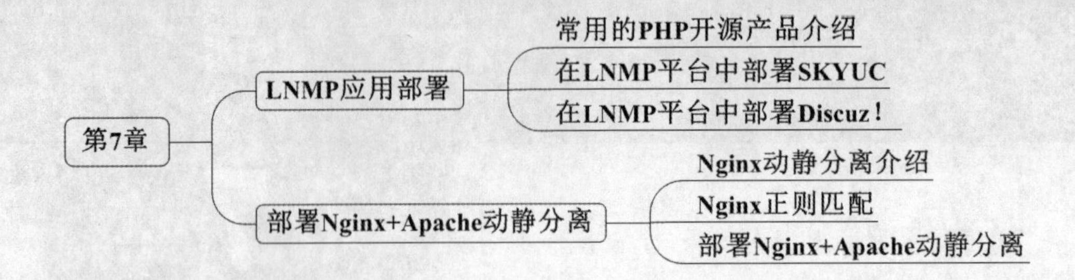

7.1 LNMP 应用部署

7.1.1 常用的 PHP 开源产品介绍

LNMP 架构对 PHP 有着非常好的支持，常用的 PHP 开源产品有很多，对于学习 LNMP 架构和 PHP 有很好的参考价值。

（1）Discuz!

Crossday Discuz! Board（简称 Discuz!）是北京康盛新创科技有限责任公司推出的一套通用的社区论坛软件系统。自 2001 年 6 月面世以来，Discuz! 已拥有 15 年以上的应用历史和 200 多万个网站用户案例，是全球成熟度最高、覆盖率最大的论坛软件系统之一。目前最新版本 Discuz! X3.2 正式版于 2015 年 6 月 9 日发布，首次引入应用中心的开发模式。

用户可以在不需要任何编程经验的基础上，通过简单的设置和安装，在互联网上搭建起具备完善功能、很强负载能力和可高度定制的论坛服务。Discuz! 的基础架构采用世界上最流行的 Web 编程组合 PHP+MySQL 实现，是一个经过完善设计，适用于各种服务器环境的高效论坛系统解决方案。

（2）PHPWind

PHPWind（简称：PW）是一个基于 PHP 和 MySQL 的开源社区程序，是国内最受欢迎的通用型论坛程序之一。PHPWind 第一个版本 ofstar 发布于 2004 年，软件全面开源免费。现已有累积超过 100 万的网站采用 PHPWind 产品，其中活跃网站近 10 万。自 2011 年发布 PHPWind8.x 系列版本以来，PHPWind 围绕着提升社区内容价值和推进社区电子商务两大方向，开发单核心多模式的产品，实现新型的社区形态。

发展至今，全国有价值的 20 万个中小网站中，就有近 10 万个社区网站使用 PHPWind，累计已有超过 100 万个网站使用 PHPWind，每天还有 1000 个新的网站开始使用 PHPWind。这些社区网站覆盖了 52 类行业，每天有 1 亿人群聚集在 PHPWind 搭建的社区中发表 5000 万条新增信息，访问超过 10 亿个页面。

（3）WordPress

WordPress 是一种使用 PHP 语言开发的博客平台，用户可以在支持 PHP 和 MySQL 数据库的服务器上架设属于自己的网站，也可以把 WordPress 当作一个内容管理系统（CMS）来使用。

WordPress 有许多第三方开发的免费模板，安装方式简单易用。不过要做一个自己的模板，则需要具备一定的专业知识。比如你至少要懂标准通用标记语言下的一个，以及应用 HTML 代码、CSS、PHP 等相关知识。

（4）SKYUC

SKYUC（天空网络电影系统）是由天空网络历经多年开发的一套国内领先的 VOD 视频点播系统（电影程序），完美支持 QVOD、Webplayer9、Gvod 等 P2P 流媒体软件。它采用当前最流行的技术，通过多种数据缓存和页面缓存机制加快页面浏览速度，还突破了研发电影系统中的各大瓶颈，并不断坚持创新。

7.1.2　在 LNMP 平台中部署 SKYUC

LNMP 平台与 LAMP 平台是非常相似的，区别主要在于所用 Web 服务软件的不同，而这与使用 PHP 开发的 Web 应用程序并无太大关系，因此 PHP 应用的部署方法也是类似的。下面将以“天空网络电影系统”为例，介绍在 LNMP 平台中的部署过程。

1. 下载并部署程序代码

天空网络电影系统（简称 SKYUC）是一套 PHP 视频点播系统（电影程序），支持各种 P2P 流媒体软件，适合电影门户网站、多媒体中心、网吧、酒店、教育等多种行业使用，其官方网站为 http://www.skyuc.com/，也可以在百度中搜索找到其下载包。

（1）将下载的 SKYUC 程序文件解压。

```
[root@localhost ~]# yum -y install unzip
[root@www ~]# cd /root/soft/
[root@www soft]# ls
SKYUC_3.4.2_for_php5.3.zip
 [root@www soft]#
[root@localhost ~]# unzip SKYUC_3.4.2_for_php5.3.zip
```

（2）找到其中的 wwwroot 文件夹并将其放置到 LNMP 服务器的网站根目录，然后适当调整权限（若此处不调整，也可参考安装页面的提示再调整），以允许 Nginx、PHP-FPM 程序拥有必要的写入权限。

```
[root@localhost ~]# cd SKYUC.v3.4.2.SOURCE/
[root@www SKYUC.v3.4.2.SOURCE]# mkdir /var/www/skyuc -p
[root@www SKYUC.v3.4.2.SOURCE]# mv wwwroot/* /var/www/skyuc
[root@localhost SKYUC.v3.4.2.SOURCE]# cd /var/www/skyuc/
[root@localhost skyuc]# chmod 777 -R admincp/ data/ templates/ upload/
```

（3）设置 Nginx 的工作目录是 /var/www/skyuc 和设置 PHP 的参数，以便对 SKYUC 进行安装。

```
[root@www skyuc]# vi /usr/local/nginx/conf/nginx.conf
    location / {
        root   /var/www/;
        index  index.html index.htm;
```

```
    }
    location ~ \.php$ {
        root /var/www/;
        fastcgi_pass 127.0.0.1:9000;
        fastcgi_index index.php;
        include fastcgi.conf;
    }
```

2. 设置专用的数据库及授权用户

为了降低 Web 应用程序对数据库的风险，建议设置专用的数据库及授权用户，而不要直接使用 root 用户。例如，可新建 skyucdb 库、授权用户为 runskyuc，操作如下所示。

```
[root@localhost ~]# mysql -uroot -p
Enter password:                        // 验证 root 用户的密码
mysql> CREATE DATABASE skyucdb;
mysql> GRANT all ON skyucdb.* TO runskyuc@localhost IDENTIFIED BY 'sky@uc123';
```

3. 安装 Web 应用

（1）访问 http://192.168.85.135/skyuc/install/index.php，如图 7.1 所示，打开 SKYUC 的安装程序。

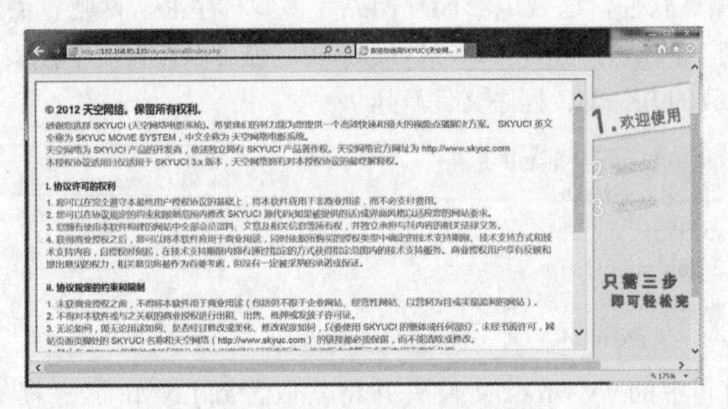

图 7.1　SKYUC 的安装程序页面

（2）根据页面提示，点击“下一步”进行系统环境检查，如图 7.2 所示。

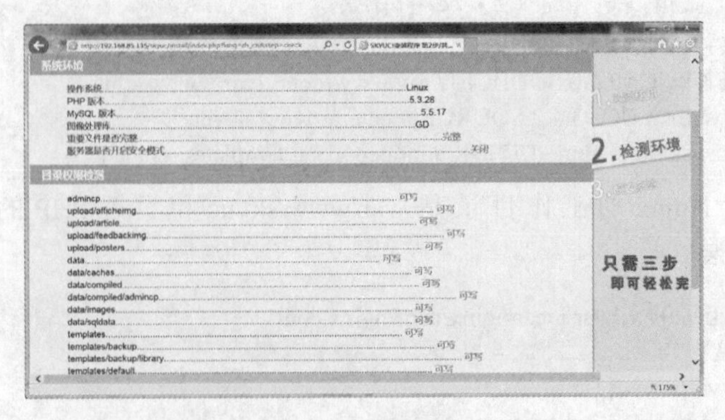

图 7.2　SKYUC 的环境检查页面

确保系统环境、目录权限、缓存可写性等检测通过，否则安装将无法继续。然后适当调整权限重新安装。

（3）点击“下一步”，在配置系统的步骤中，除了应正确配置数据库连接（类型不要误选为 MySQLi）外，还应该设置好管理账号、密码等基本信息，如图 7.3 所示。完成安装以后，可以删除 install 目录，降低安全风险。

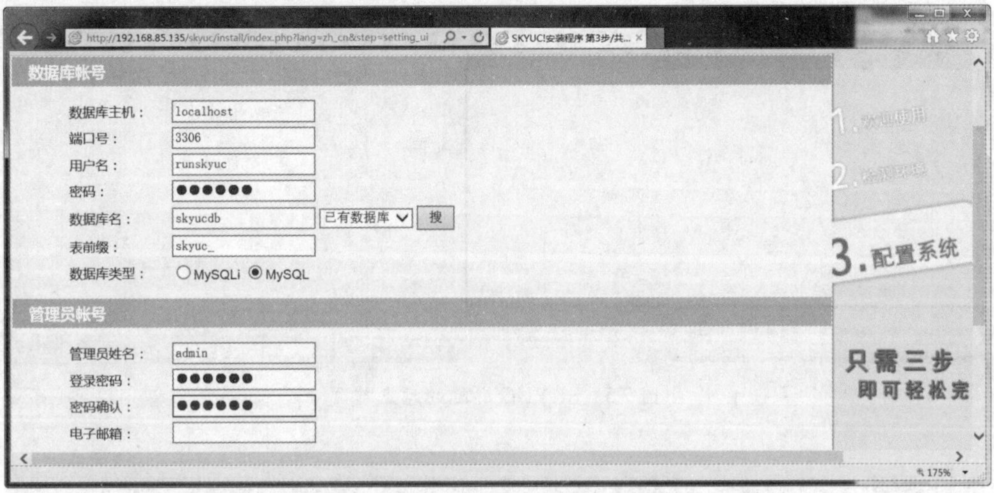

图 7.3　SKYUC 的系统配置页面

（4）点击“立即安装”进行最后一步，如图 7.4 所示，显示已经安装成功。

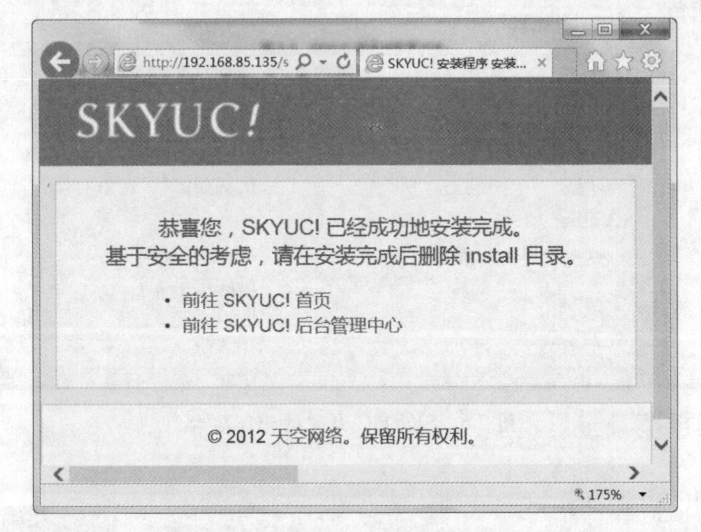

图 7.4　SKYUC 的安装成功页面

4．访问 Web 应用系统

完成安装以后，通过访问 http://192.168.85.135/skyuc/index.php，可以看到“天空网络”电影系统站点首页，如图 7.5 所示；通过访问 http://192.168.85.135/skyuc/

admincp/index.php 并以管理账号登录后，可以进入管理后台，如图 7.6 所示。

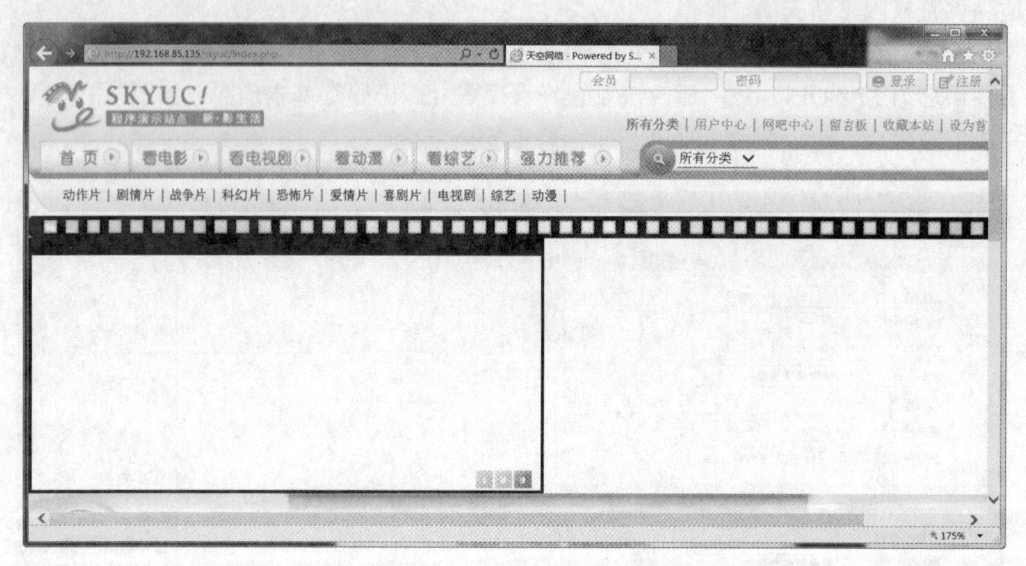

图 7.5 SKYUC 影院的站点首页

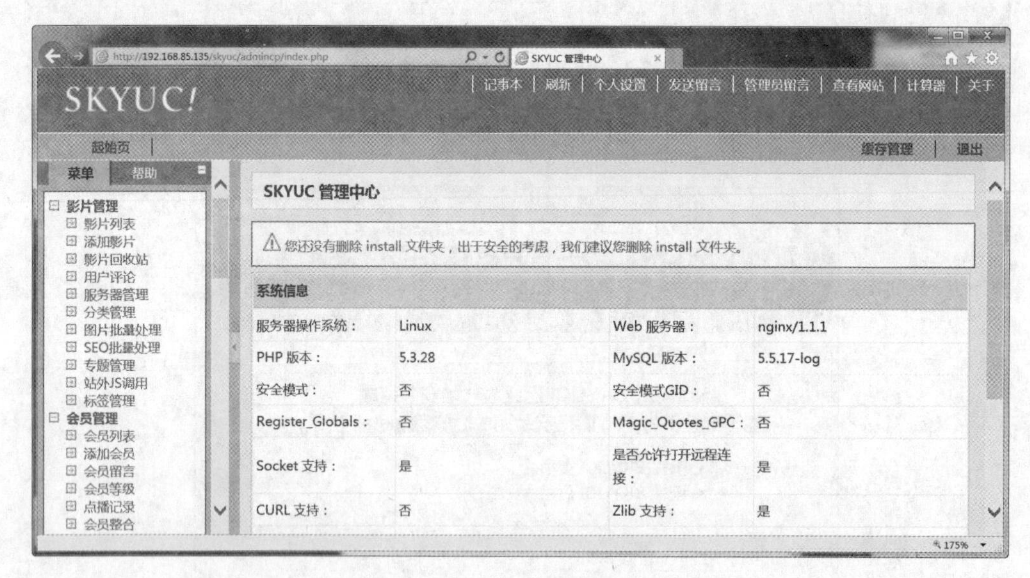

图 7.6 SKYUC 影院的管理后台

5. SKYUC 功能演示

（1）新建文章，在首页中有一个“最新资讯”栏目，如图 7.7 所示。

在后台的“文章管理 - 文章列表”功能中可以看到对应的文章列表，如图 7.8 所示。显示了文章的分类、添加日期等信息，可以对其进行修改、删除等操作；也可以用右上角的“添加新文章”功能，添加一篇新的文章，分类选择“站内快讯”，如图 7.9 所示，然后对文章进行保存。

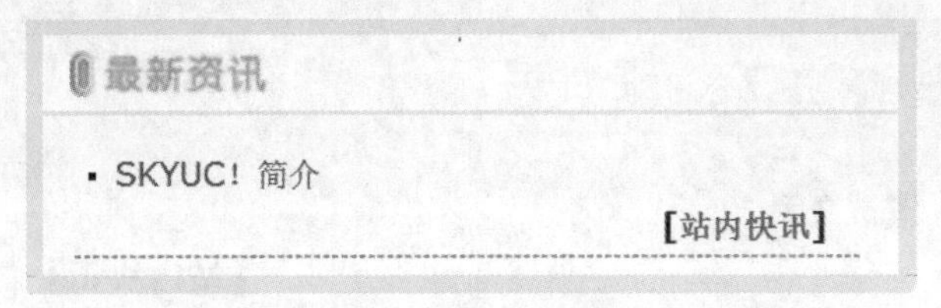

图 7.7 SKYUC 的首页“最新资讯”栏目

图 7.8 SKYUC 的后台文章列表

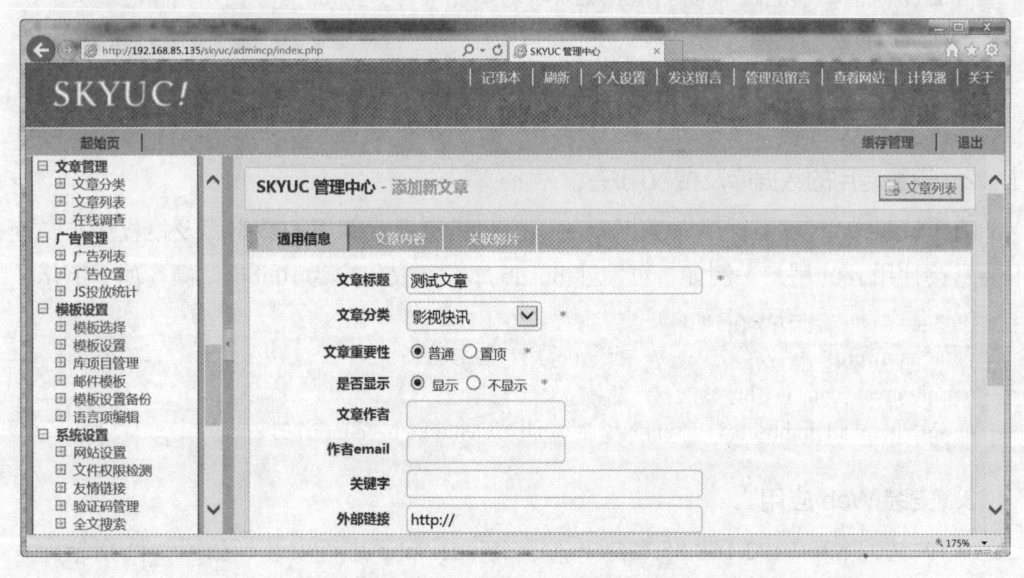

图 7.9 SKYUC 的新建文章页面

（2）刷新首页，可以看到文章已经在首页显示出来，如图 7.10 所示。

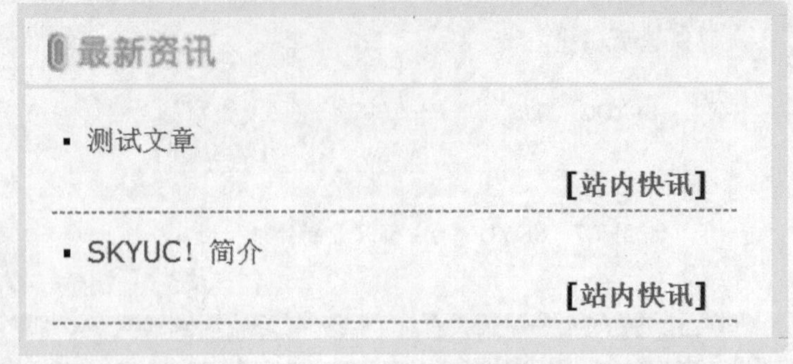

图 7.10 SKYUC 的首页“最新资讯”页面

7.1.3 在 LNMP 平台中部署 Discuz！

Discuz! 的部署方式与 SKYUC 非常相似，下面介绍在 LNMP 平台中的部署过程。

1．下载并部署程序代码

将下载的 Discuz! 程序文件解压，复制 upload 文件夹中的内容到 LNMP 服务器的网站根目录，然后适当调整权限（若此处不调整，也可参考安装页面的提示再调整），以允许 nginx、php-fpm 程序拥有必要的写入权限。

```
[root@localhost ~]# yum -y install unzip
[root@localhost ~]# unzip Discuz_7.2_FULL_SC_UTF8.zip
[root@localhost ~]# mkdir -p /var/www/bbs
[root@localhost ~]# mv upload/* /var/www/bbs
[root@localhost ~]# cd /var/www/bbs/
[root@www bbs]# chmod 777 config.inc.php
[root@www bbs]# chmod 777 -R attachments/ forumdata/ uc_client/data/cache
```

2．设置专用的数据库及授权用户

为了降低 Web 应用程序对数据库的风险，建议设置专用的数据库及授权用户，而不要直接使用 root 用户。例如，可新建 bbsdb 库、授权用户为 runbbs，操作如下所示。

```
[root@localhost ~]# mysql -u root -p
Enter password:                    // 验证 root 用户的密码
mysql> create database bbsdb;
mysql> grant all on bbsdb.* to 'runbbs'@'localhost' identified by 'admin123';
```

3．安装 Web 应用

（1）访问 http://192.168.85.135/bbs/install/index.php 进行安装，如图 7.11 所示。提示需要修改 php.ini 中的 short_open_tag。

```
[root@www ~]# vi /usr/local/php5/php.ini
```

```
short_open_tag On
[root@www ~]# service nginx restart
```

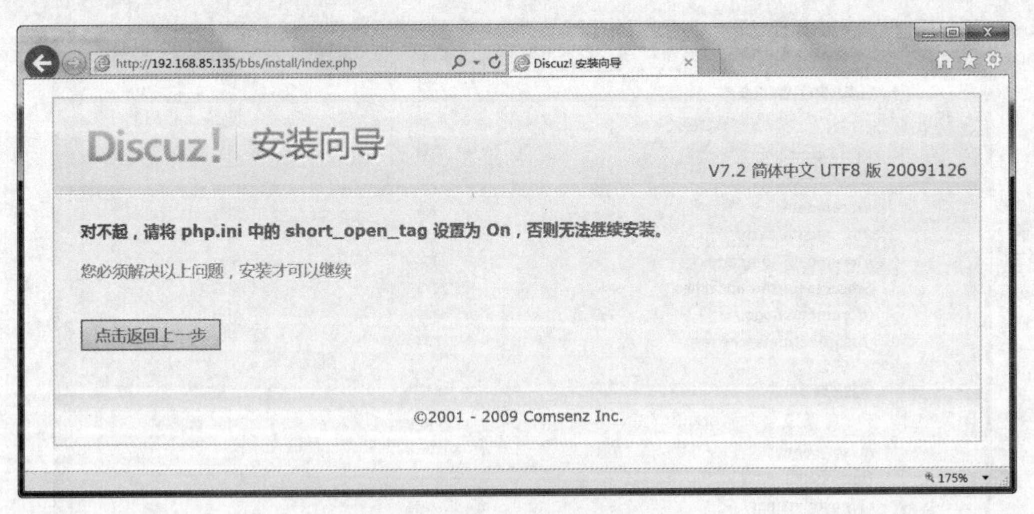

图 7.11 Discuz! 参数提示页面

（2）重新访问页面，将会打开 Discuz! 的安装程序，如图 7.12 所示。

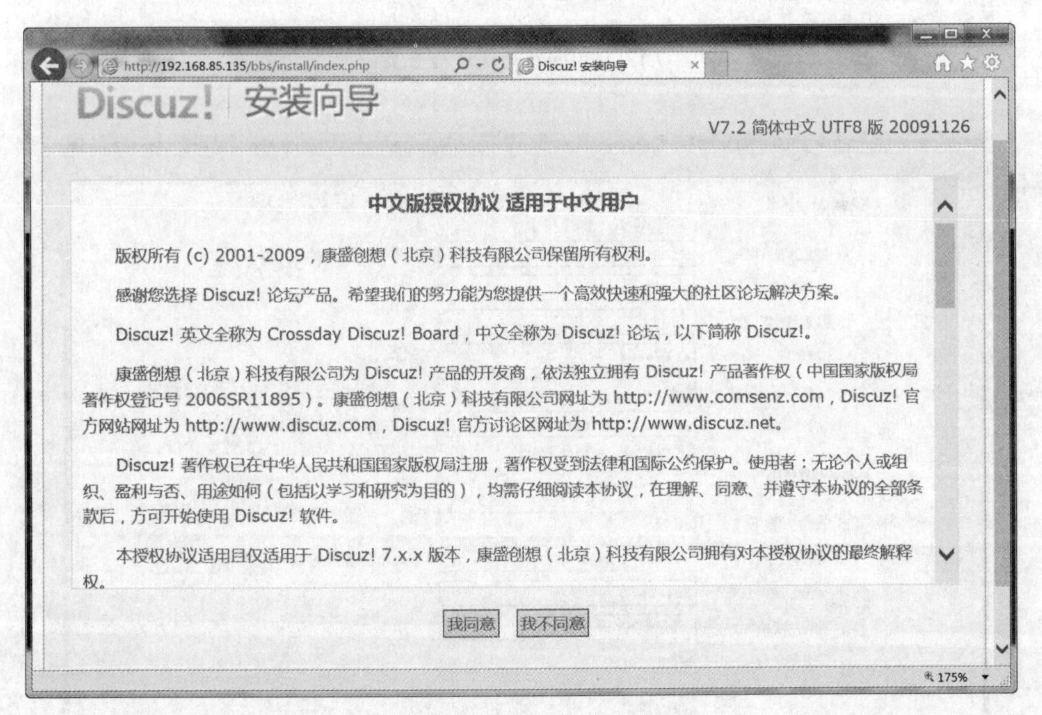

图 7.12 Discuz! 的安装程序页面

（3）点击“同意”后，显示系统环境、目录权限、缓存可写性等检测通过，如图 7.13 所示，否则要调整相应参数，重新进行安装。

（4）在下一步中，除了应正确配置数据库连接外，还应该设置好管理账号、密码等基本信息，如图 7.14 所示。

http://192.168.85.135/bbs/install/index.php?step=1&uchi
Discuz! 安装向导
目录、文件权限检查
目录文件
所需状态
当前状态
./config.inc.php
./attachments
./forumdata
./forumdata/cache
./forumdata/templates
./forumdata/threadcaches
./forumdata/logs
./uc_client/data/cache
可写
函数依赖性检查
函数名称
检查结果
建议
mysql_connect()
fsockopen()
gethostbyname()
file_get_contents()
xml_parser_create()
支持
无
上一步
下一步
175%

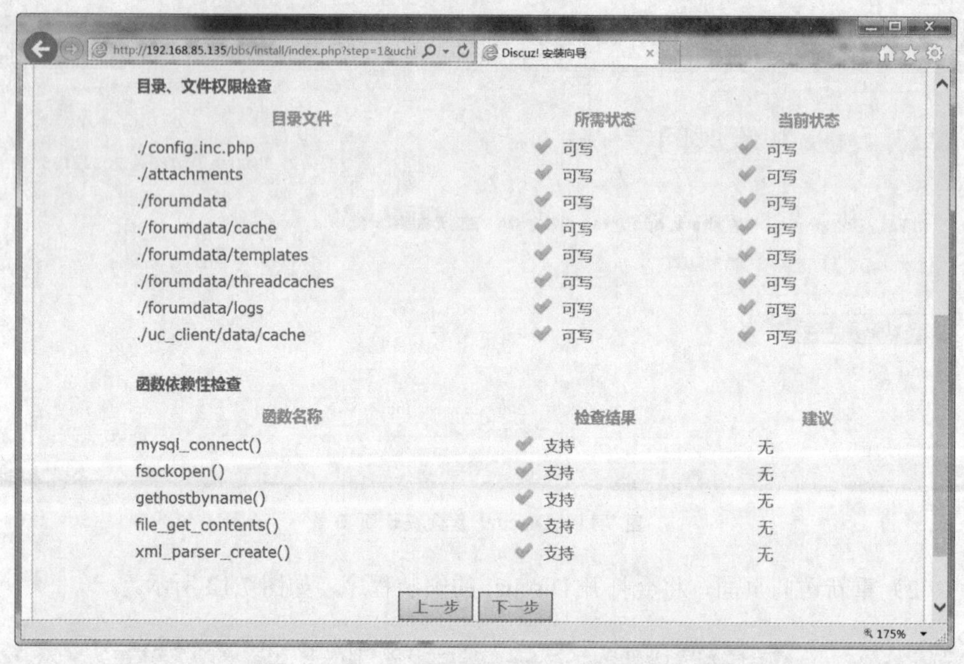

图 7.13　Discuz! 的环境检查页面

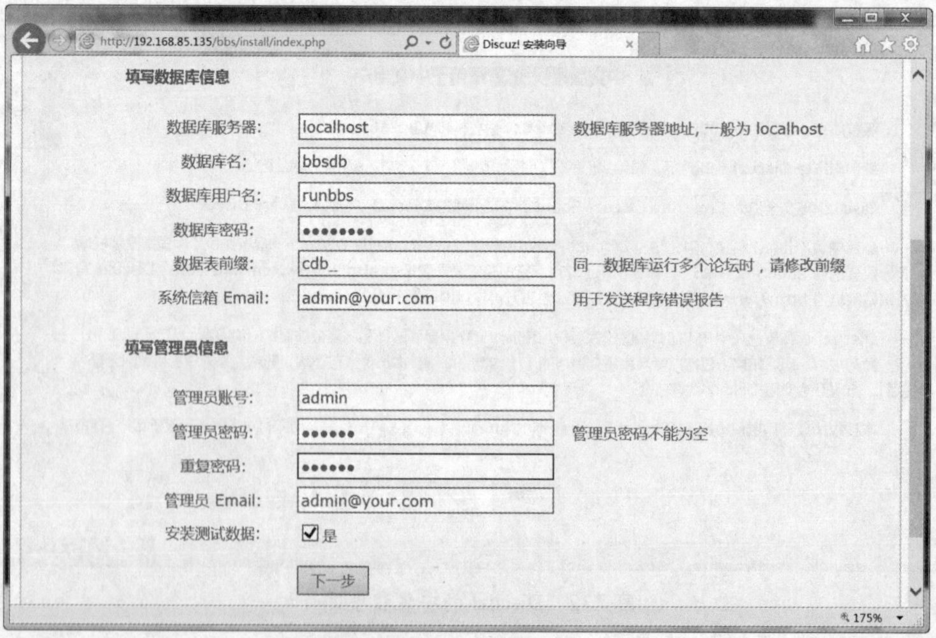

http://192.168.85.135/bbs/install/index.php
Discuz! 安装向导
填写数据库信息
数据库服务器:
localhost
数据库服务器地址，一般为 localhost
数据库名:
bbsdb
数据库用户名:
runbbs
数据库密码:
数据表前缀:
cdb_
同一数据库运行多个论坛时，请修改前缀
系统信箱 Email:
admin@your.com
用于发送程序错误报告
填写管理员信息
管理员账号:
admin
管理员密码:
管理员密码不能为空
重复密码:
管理员 Email:
admin@your.com
安装测试数据:
是
下一步
175%

图 7.14　Discuz! 的系统配置页面

（5）最后联系方式可以不填写，如图 7.15 所示，直接点击“跳过本步”即可。

4. 访问 Web 应用系统

完成安装以后，访问 http://192.168.85.135/bbs/index.php 可以看到论坛首页，如图 7.16 所示。点击右上角“登录”，并以管理账号登录后，可以进入管理后台，如图 7.17 所示。

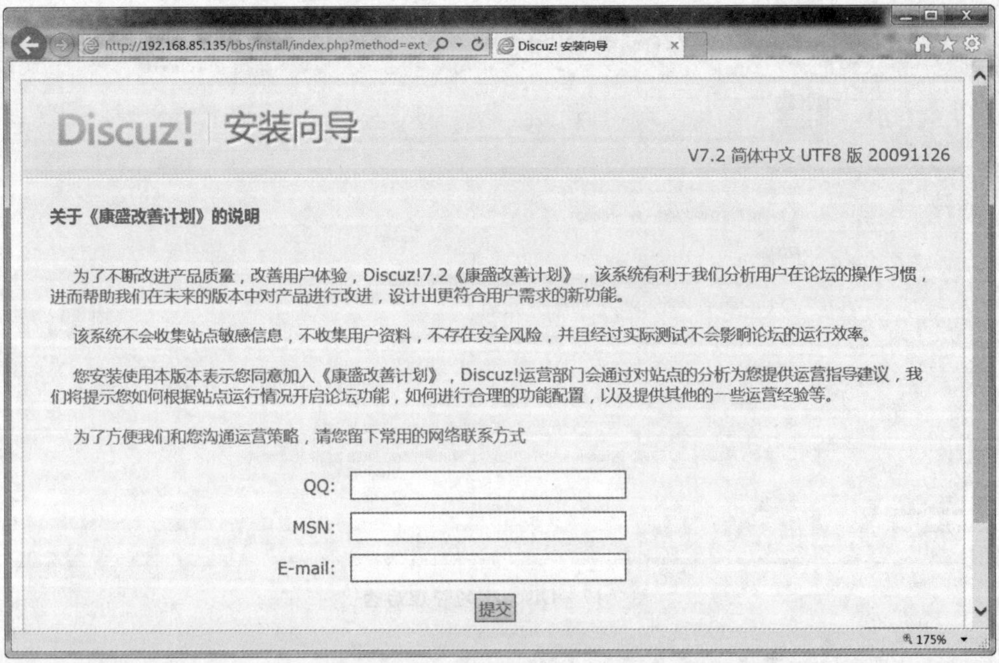

http://192.168.85.135/bbs/install/index.php?method=ext

Discuz! 安装向导

Discuz! 安装向导

V7.2 简体中文 UTF8 版 20091126

关于《康盛改善计划》的说明

为了不断改进产品质量，改善用户体验，Discuz!7.2《康盛改善计划》，该系统有利于我们分析用户在论坛的操作习惯，进而帮助我们在未来的版本中对产品进行改进，设计出更符合用户需求的新功能。

该系统不会收集站点敏感信息，不收集用户资料，不存在安全风险，并且经过实际测试不会影响论坛的运行效率。

您安装使用本版本表示您同意加入《康盛改善计划》，Discuz!运营部门会通过对站点的分析为您提供运营指导建议，我们将提示您如何根据站点运行情况开启论坛功能，如何进行合理的功能配置，以及提供其他的一些运营经验等。

为了方便我们和您沟通运营策略，请您留下常用的网络联系方式

QQ:

MSN:

E-mail:

提交

175%

图 7.15 Discuz! 的安装成功页面

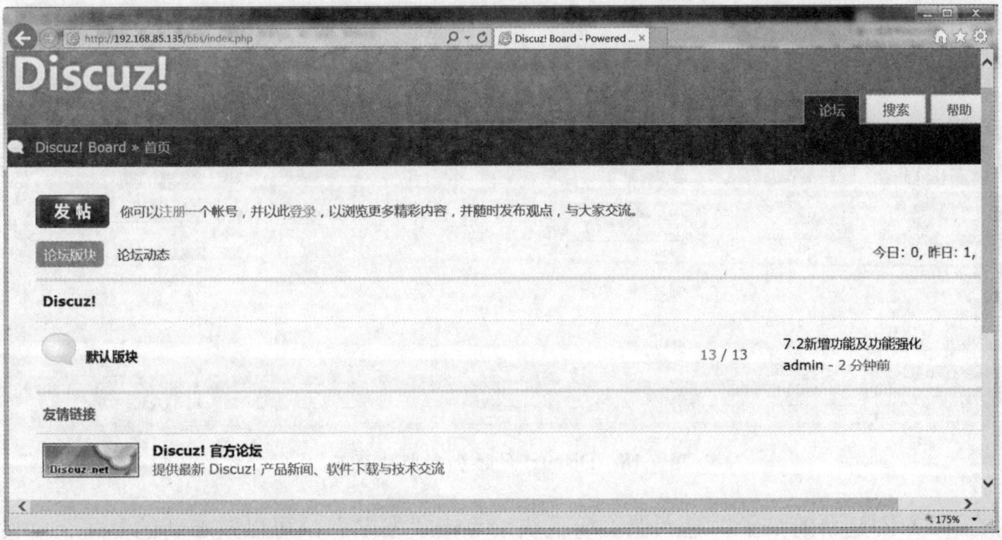

http://192.168.85.135/bbs/index.php

Discuz! Board - Powered ...

Discuz!

论坛 搜索 帮助

Discuz! Board » 首页

发帖 你可以注册一个帐号，并以此登录，以浏览更多精彩内容，并随时发布观点，与大家交流。

论坛版块 论坛动态 今日: 0, 昨日: 1,

Discuz!

默认版块 13 / 13 7.2新增功能及功能强化 admin - 2 分钟前

友情链接

Discuz! 官方论坛 提供最新 Discuz! 产品新闻、软件下载与技术交流

175%

图 7.16 Discuz! 的站点首页

5. Discuz! 功能演示

（1）删除安装文件 install/index.php，保证论坛可以正常安全运行。

（2）创建新的版块。在管理后台添加版块名称后，如图 7.18 所示，点击“提交”按钮，可以加入新的版块。

然后刷新论坛首页，相应的版块可以显示出来，如图 7.19 所示。

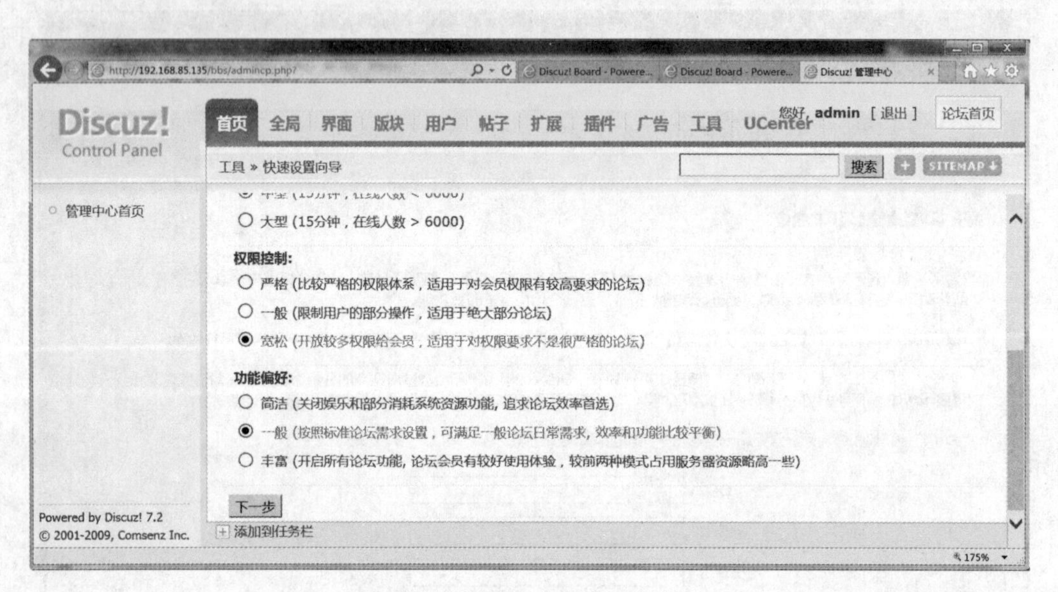

图 7.17　Discuz! 的管理后台

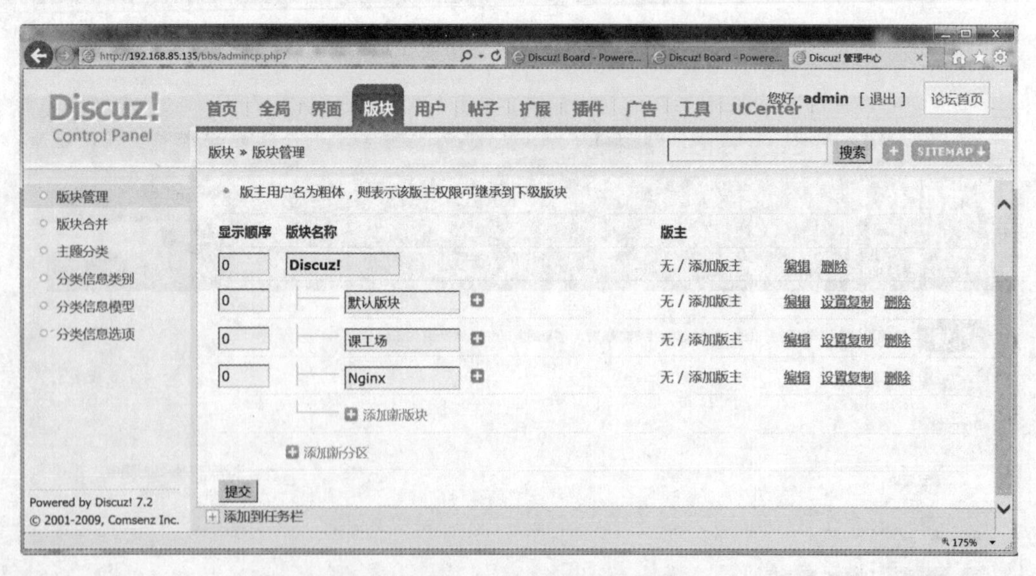

图 7.18　Discuz! 的添加新版块页面

（3）创建新的贴子。进入课工场版块，点击“发贴”，可以发布新的贴子，如图 7.20 所示。

发布后，进入课工场版块，可以看到贴子的列表，如图 7.21 所示，点击即可进入查看详细信息，如图 7.22 所示。

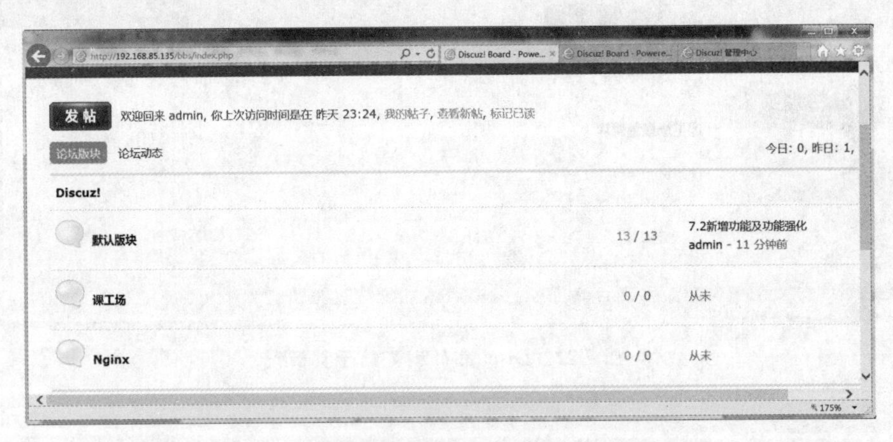

图 7.19　Discuz! 的论坛首页

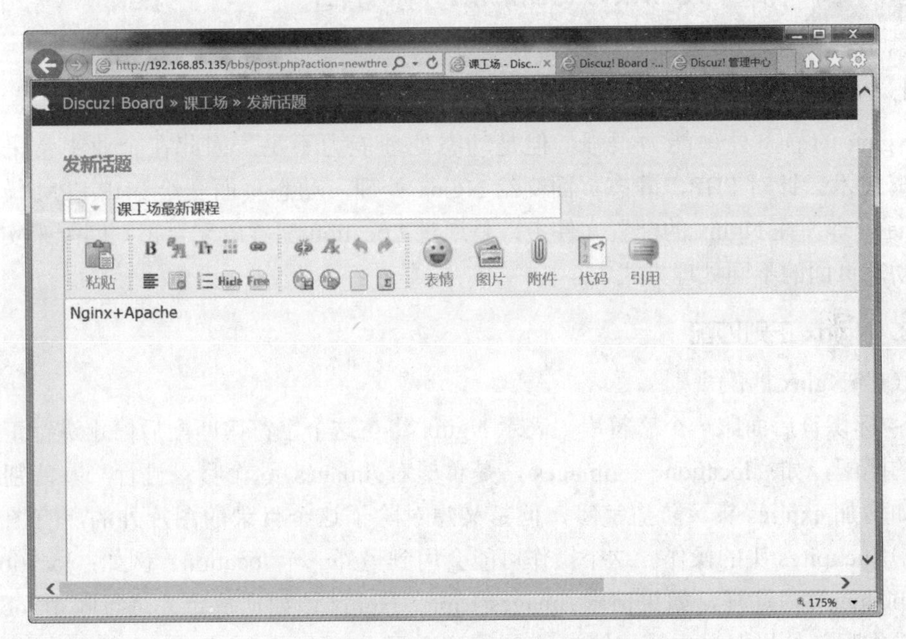

图 7.20　Discuz! 的发布贴子页面

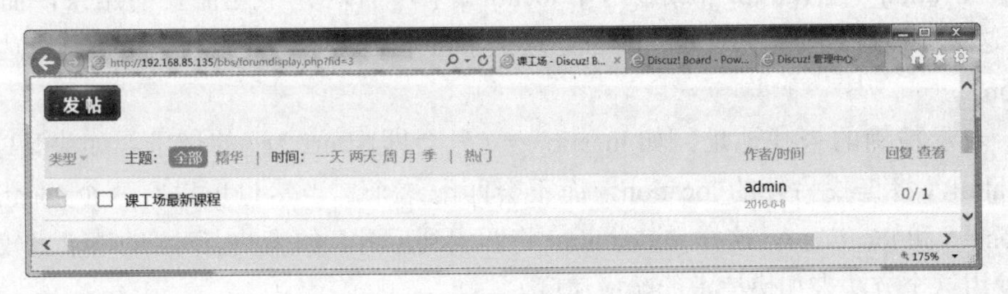

图 7.21　Discuz! 的版块贴子维护页面

图 7.22 Discuz! 的浏览贴子页面

7.2 部署 Nginx+Apache 动静分离

1. Nginx 动静分离介绍

Nginx 的静态处理能力很强，但是动态处理能力不足，因此在企业中常采用动静分离技术。针对 PHP，静态页面交给 Nginx 处理，动态页面交给 PHP-FPM 模块或 Apache 处理。在 Nginx 的配置文件中，是通过 Location 配置段配合正则匹配来实现静态与动态页面的不同处理方式。

2. Nginx 正则匹配

（1）Nginx 匹配规则

^~ 标识符后面跟一个字符串，表示 Nginx 将在这个字符串匹配后停止进行正则表达式的匹配，如：location ^~ /images/，是希望对 /images/ 这个目录进行一些特别的操作，如增加 expires 头、防盗链等，但是又想对除了这个目录的图片外的所有图片只进行增加 expires 头的操作。这个操作可能会用到另外一个 location，例如：location ~* \.(gif|jpg|jpeg)$，这样，如果请求 /images/1.jpg，Nginx 该如何决定去进行哪个 location 中的操作呢？结果取决于标识符 ^~，如果这样写：location /images/，Nginx 会将 1.jpg 匹配到 location ~* \.(gif|jpg|jpeg)$ 这个 location 中，但这并不是需要的结果，而增加了 ^~ 这个标识符后，在匹配了 /images/ 这个字符串后就停止搜索其他带正则表达式的 location。

= 表示精确的查找地址，如 location = / 只会匹配 uri 为 / 的请求，如果请求为 /index.html，将查找另外的 location，而不会匹配这个。当然也可以写两个 location，location = / 和 location /，这样 /index.html 将匹配到后者，如果站点对 / 的请求量较大，可以使用这个方法来加快请求的响应速度。

常用的匹配规则如表 7-1 所示。

表 7-1　匹配规则

符号	描述
~	区分大小写的匹配
~*	不区分大小写的匹配
!~	对区分大小写的匹配取非
!~*	对不区分大小写的匹配取非

（2）正则表达式

复杂的路径匹配需要使用正则表达式表示，正则表达式使用单个字符串来描述、匹配一系列符合某个句法规则的字符串。在很多文本编辑器中，正则表达式通常被用来检索、替换符合某个模式的文本。许多程序设计语言都支持利用正则表达式进行字符串操作。

常用的正则表达式符号如表 7-2 所示。

表 7-2　正则表达式

符号	描述
*	重复 0 次或更多次
+	重复 1 次或更多次
?	重复 0 次或 1 次
.	匹配除换行符以外的任意字符
^	匹配字符串的开始
$	匹配字符串的结束
()	表达式的开始和结束位置
[]	定义匹配的字符范围
|	或运算符
{n}	重复 n 次
{n,}	重复 n 次或更多次
{n,m}	重复 n 到 m 次
*?	重复任意次，但尽可能少重复
+?	重复 1 次或更多次，但尽可能少重复
??	重复 0 次到 1 次，但尽可能少重复
{n,m}?	重复 n 到 m 次，但尽可能少重复
{n,}?	重复 n 次以上，但尽可能少重复

下面分析正则表达式 ^[A-Za-z0-9]+$。

^：表示字符串开始。

[A-Za-z0-9]：表示大小写英文字母或数字。

+：表示重复 1 次或多次。

$：表示字符串结束。

整个表达式的意思是匹配 1 次或多次大小写英文字母或数字。

3．部署 Nginx+Apache 动静分离

Nginx 对静态页面处理比 Apache 有更好的性能，在企业中多使用 Nginx 处理静态页面，而动态页面 PHP 转发给 LAMP 处理，实现动静分离的效果。

（1）首先搭建好 LAMP 平台，Apache 的访问端口设置为 8080，在 Apache 工作目录新建 test.php，访问 http://192.168.85.135:8080/test.php，如图 7.23 所示，查看是否能正常工作。

```
[root@www /]# cd /usr/local/httpd/htdocs/
[root@www htdocs]# vi test.php
<?php
echo "apache php!"
?>
```

图 7.23　Apache 提供 PHP 页面

如图所示说明 LAMP 平台工作正常。

（2）修改 Nginx 的配置文件，将 PHP 文件请求转发到 Apache 处理。

```
[root@www php5]# cd /usr/local/httpd/conf
  server {
    listen 80;
    server_name  localhost;
    charset utf-8;
    #access_log  logs/host.access.log  main;
    location / {
      root   html;
      index  index.html index.htm;
    }
    location ~ \.php$ {
      proxy_pass http://192.168.85.135:8080;    //php 请求转发给 Apache
    }
```

（3）重启 Nginx 后访问网址 http://192.168.85.135/test.php，如图 7.24 所示，说明 Nginx 转发 PHP 给 Apache 处理。

图 7.24 Nginx 转发 PHP 到 Apache

（4）在 Nginx 工作目录创建 test.html 文件。

```
[root@www nginx]# cd /usr/local/nginx/html
[root@www html]# vi test.html
nginx html
```

访问 http://192.168.85.135/test.html，如图 7.25 所示，说明 html 文件是由 Nginx 处理的。

图 7.25 Nginx 处理 HTML 页面

（5）对 Nginx+Apache 动静分离做个总结，首先配置好 LAMP，动态 PHP 文件放在 Apache 的工作目录，然后是配置 Nginx，在它的主配置文件中加入 location，指定 PHP 文件需要转发给 Apache 处理，静态 html 文件则放在 Nginx 的工作目录，达到了动静分离的效果。Location 是采用正则表达式的方式。

本章总结

- 在 LNMP 平台中部署 PHP 应用时，基本过程与在 LAMP 平台中的部署类似。
- Nginx+Apache 实现动静分离：静态页面由 Nginx 自己处理，动态页面由 Nginx 转发给 Apache 处理。

本章作业

1. Nginx+Apache 动静分离的实现原理和好处是什么？
2. 下载 PHPWind 和 WordPress 安装包，并部署到 LNMP 上。

3．用课工场 APP 扫一扫完成在线测试，快来挑战吧！

第8章

Nginx 企业级优化

技能目标

- 掌握 Nginx 服务优化
- 掌握 Nginx 深入优化

本章导读

在企业信息化应用环境中，服务器的安全性和响应速度需要根据实际情况进行相应参数配置，以达到最优的用户体验。

默认的 Nginx 安装参数只能提供最基本的服务，还需要调整如网页缓存时间、连接超时、网页压缩等相应参数，才能发挥出服务器的最大作用。

APP 扫码看视频

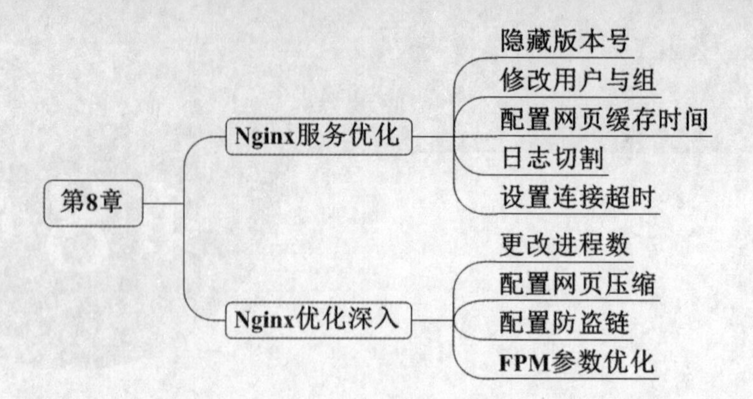

8.1 Nginx 服务优化

本节将依次介绍 Nginx 隐藏版本号、更改用户与组、配置网页缓存时间、日志切割、设置连接超时。

8.1.1 隐藏版本号

在生产环境中，需要隐藏 Nginx 的版本号，以避免泄漏 Nginx 的版本，使攻击者不能针对特定版本进行攻击。在隐藏前，可以使用 Fiddler 工具抓取数据包，查看 Nginx 版本，也可以在 CentOS 中使用命令 curl -I http://192.168.85.135/ 查看。

```
[root@www ~]# service nginx start
[root@www ~]# curl -I http://192.168.85.135/
HTTP/1.1 200 OK
Server: nginx/1.6.3                                //版本号
```

隐藏 Nginx 版本号有两种方式，第一种是修改 Nginx 源码文件，指定不显示版本号，第二种是修改 Nginx 的主配置文件。

（1）修改配置文件的方式如下：

将 Nginx 的配置文件中的 server_tokens 选项值设置为 off，如没有该配置项，加上即可。

```
[root@www ~]# cd /usr/local/nginx/conf/
[root@www conf]# vi nginx.conf
............                                       //省略内容
http {
   include mime.types;
   default_type  application/octet-stream;
   server_tokens off;                              //关闭版本号
............                                       //省略内容
 [root@www conf]# nginx –t                         //测试配置文件语法
nginx: the configuration file /usr/local/nginx/conf/nginx.conf syntax is ok
```

```
nginx: configuration file /usr/local/nginx/conf/nginx.conf test is successful
```

使用了 PHP 处理动态网页，如果 PHP 配置文件中配置了 fastcgi_param SERVER_SOFTWARE 选项，则编辑 php-fpm 配置文件，将 fastcgi_param SERVER _SOFTWARE 对应的值修改为 fastcgi_param SERVER _SOFTWARE nginx。

再次访问网址，只显示 nginx，版本号已经隐藏。

```
[root@www conf]# service nginx restart
[root@www conf]# curl -I http://192.168.85.135/
HTTP/1.1 200 OK
Server: nginx
```

（2）Nginx 源码文件 /usr/src/nginx-1.6.3/src/core/nginx.h 包含了版本信息，可以随意设置，然后重新编译安装，即隐藏了版本信息。

```
[root@www conf]# vi /usr/src/nginx-1.6.3/src/core/nginx.h          // 编辑源码文件
#define NGINX_VERSION      "1.1.1"                                 // 修改版本号
#define NGINX_VER          "IIS" NGINX_VERSION                     // 修改服务器类型
[root@www conf]# cd /usr/src/nginx-1.6.3/
 [root@www nginx-1.6.3]# ./configure –prefix=/usr/local/nginx --user=nginx --group=nginx --with-
http_stub_status_module && make && make install
[root@www conf]# vi nginx.conf
............                                                       // 省略内容
http {
   include mime.types;
   default_type  application/octet-stream;
   server_tokens on;                                               // 打开版本号 on
............                                                       // 省略内容
[root@www nginx-1.6.3]# service nginx stop
[root@www nginx-1.6.3]# service nginx start
[root@www nginx-1.6.3]# curl -I http://192.168.85.135/
HTTP/1.1 200 OK
Server: IIS1.1.1                                                   // 显示设置的信息
```


8.1.2 修改用户与组

Nginx 运行时进程需要有用户与组的支持，用以实现对网站文件读取时进行访问控制。主进程由 root 创建，子进程由指定的用户与组创建。Nginx 默认使用 nobody 用户账号与组账号，一般也要进行修改。

修改 Nginx 用户与组有两种方法，一种是在编译安装时指定用户与组，另一种是修改配置文件指定用户与组。

（1）编译 Nginx 时指定用户与组，就是配置 Nginx 时，在 ./configure 后面指定用户与组的参数。

```
[root@www nginx-1.6.3]# ./configure
–prefix=/usr/local/nginx
```

```
--user=nginx                                          //指定用户名是 nginx
--group=nginx                                         //指定组名是 nginx
--with-http_stub_status_module
&& make && make install
```

（2）修改 Nginx 配置文件 nginx.conf 指定用户与组。

```
[root@www nginx-1.6.3]# cd /usr/local/nginx/conf/
[root@www conf]# vi nginx.conf
user  nginx nginx;                                    //修改用户为 nginx，组为 nginx
```

重启 Nginx 查看进程运行情况，主进程由 root 账户创建，子进程则由 nginx 创建。

```
[root@www conf]# ps aux |grep nginx
root   119536  0.0  0.0 119260  1772 pts/0   T    19:19   0:00 vi /usr/local/nginx/conf/nginx.conf
root   130034  0.0  0.0  20220   620 ?       Ss   19:41   0:00 nginx: master process /usr/local/sbin/nginx
//主进程由 root 创建
nginx  130035  0.0  0.0  20664  1512 ?       S    19:41   0:00 nginx: worker process
//子进程由 nginx 创建
root    130450  0.0  0.0 103260   864 pts/0   S+   21:59   0:00 grep nginx
```

8.1.3 配置网页缓存时间

当 Nginx 将网页数据返回给客户端后，可设置缓存的时间，以方便日后进行相同内容的请求时直接返回，避免重复请求，加快访问速度，一般只针对静态资源进行设置，对动态网页不用设置缓存时间。

（1）以图片作为缓存对象，复制 logo.jpg 图片到 Nginx 的工作目录，访问 http://192.168.85.135/logo.jpg，用 Fiddler 工具进行抓包，如图 8.1 所示，查看响应报文，没有图片的缓存信息。

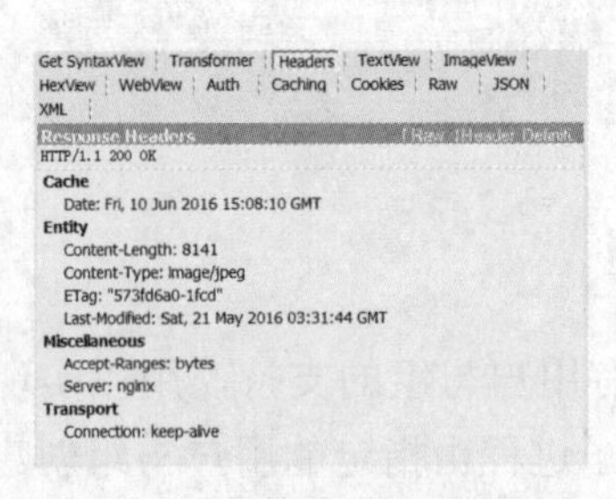

图 8.1　缓存修改前的响应报文

（2）修改 Nginx 的配置文件，在新 location 段加入 expires 参数，指定缓存的时间，1d 表示一天。

```
[root@www conf]# vi nginx.conf
............                    //省略内容
 location / {
        root   html;
```

```
        index  index.html index.htm;
    }
    location ~ \.(gif|jpg|jepg|png|bmp|ico)$ {          // 加入新的 location
        root   html;
        expires 1d;                                      // 指定缓存时间
    }
.............                                            // 省略内容
```

（3）重启 Nginx 服务后，访问网址抓包，如图 8.2 所示，响应报文中含有 Expires 参数，表示缓存的时间。

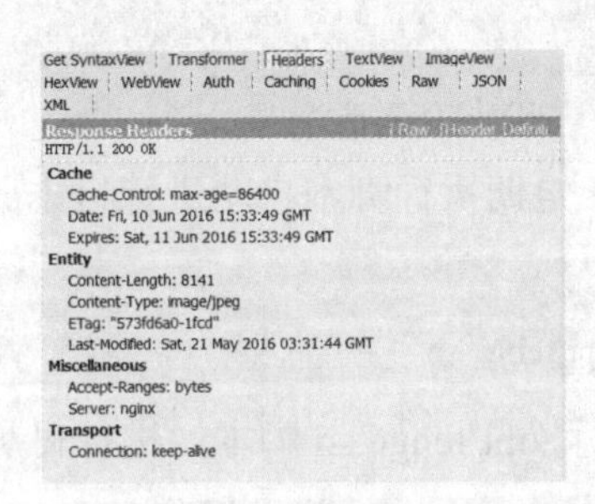

图 8.2　缓存修改后的响应报文

其中的 Cache-Control:max-age=86400 表示缓存时间是 86400 秒，也就是缓存一天的时间，一天之内浏览器访问这个页面，都使用缓存中的数据，而不需要向 Nginx 服务器重新发出请求，减少了服务器的使用频度。

8.1.4　日志切割

随着 Nginx 运行时间的增加，产生的日志也会增加，为了方便掌握 Nginx 的运行状态，需要时刻关注 Nginx 日志文件。太大的日志文件对监控是一个大灾难，非常不便于分析排查，因此需要定期地进行日志文件的切割。

Nginx 没有类似 Apache 的 cronlog 日志分割处理功能，但可以通过 Nginx 的信号控制功能脚本来实现日志的自动切割，并将脚本加入到 Linux 的计划任务中，让脚本在每天的固定时间执行，便可实现日志切割功能。

（1）首先编写脚本 /opt/fenge.sh，把 Nginx 的日志文件 /usr/local/nginx/logs/access.log 移动到目录 /var/log/nginx 下面，以当前时间作为日志文件的名称；然后用 kill –USR1 创建新的日志文件 /usr/local/nginx/logs/access.log，最后删除 30 天之前的日志文件。

```
[root@www logs]# vi /opt/fenge.sh
#!/bin/bash
# Filename: fenge.sh
d=$(date -d "-1 day" "+%Y%m%d")
logs_path="/var/log/nginx"
```

```
pid_path="/usr/local/nginx/logs/nginx.pid"
[ -d $logs_path ] || mkdir -p $logs_path                    // 创建日志文件目录
                                                            // 移动并重命名日志文件
mv /usr/local/nginx/logs/access.log ${logs_path}/test.com-access.log-$d
kill -USR1 $(cat $pid_path)                                 // 重建新日志文件
find $logs_path -mtime +30 |xargs rm -rf                    // 删除 30 天之前的日志文件
```

（2）执行 /opt/fenge.sh，测试日志文件是否被切割。

```
[root@www logs]# /opt/fenge.sh                              // 执行分割脚本
[root@www ~]# ls /var/log/nginx
test.com-access.log-20160529                                // 按日期分割了日志文件
[root@www ~]# cat  /usr/local/nginx/logs/access.log         // 原来的日志文件重新创建
```

（3）设置 crontab 任务，定期执行脚本自动进行日志分割。

```
[root@www ~]# crontab –e
30    1    *    *    *    /opt/fenge.sh
```

即每天的凌晨 1:30 分执行 /opt/fenge.sh 脚本，进行日志分割。

8.1.5 设置连接超时

在企业网站中，为了避免同一个客户长时间占用连接，造成资源浪费，可设置相应的连接超时参数，实现对连接访问时间的控制。可以修改配置文件 nginx.conf，设置 keepalive_timeout 超时时间。

```
[root@www conf]# vi nginx.conf
http {
.............                                               // 省略内容
   #keepalive_timeout  0;
   keepalive_timeout  65 180;                               // 设置超时是 180 秒
.............                                               // 省略内容
```

keepalive_timeout 第一个参数指定了与客户端的 keep-alive 连接超时时间，服务器将会在这个时间后关闭连接。可选的第二个参数指定了在响应头 Keep-Alive: timeout=time 中的 time 值。这个头能够让一些浏览器主动关闭连接，这样服务器就不必去关闭连接了。若没有这个参数，Nginx 将不会发送 Keep-Alive 响应头。

访问网址抓取数据报文，响应头中显示了超时时间是 180 秒，如图 8.3 所示。

一般只设置 keepalive_timeout 参数即可。

还有 client_header_timeout 参数，指定等待客户端发送请求头的超时时间，client_body_timeout 则指定请求体读超时时间。

```
[root@www conf]# vi nginx.conf
http {
.............                                  // 省略内容
```

```
  keepalive_timeout  65 180;
  client_header_timeout 80;
  client_body_timeout 80;
............                                    //省略内容
```

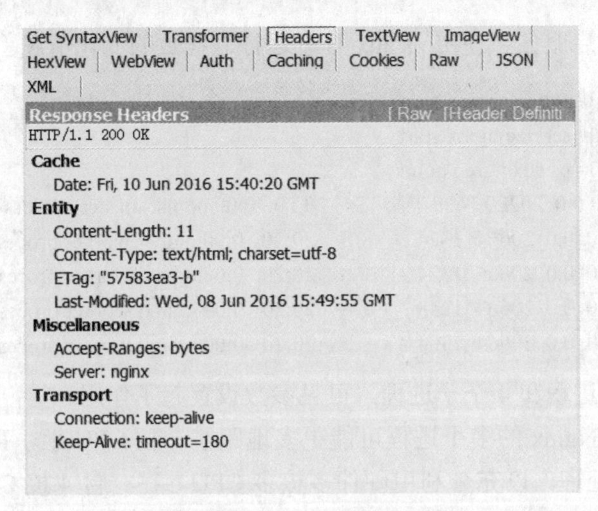

图 8.3 超时设置 180 秒的响应报文

因为请求头和请求体只有在特殊情况下才能显示效果，这里不再演示。

8.2 Nginx 优化深入

本节将依次介绍 Nginx 更改进程数、配置网页压缩、配置防盗链和 FPM 参数优化。

8.2.1 更改进程数

在高并发环境中，需要启动更多的 Nginx 进程以保证快速响应，用以处理用户的请求，避免造成阻塞。使用 ps aux 命令可以查看 Nginx 运行进程的个数。

```
[root@www conf]# ps aux | grep nginx
root     1241  0.0  0.0  20220   616 ?     Ss   17:06   0:00 nginx: master process /usr/local/sbin/nginx
nginx    1242  0.0  0.0  20664  1540 ?     S    17:06   0:00 nginx: worker process
```

其中 master process 是 Nginx 的主进程，开启了 1 个，worker process 是子进程，也是开启了 1 个。

修改 Nginx 的配置文件中的 worker_processes 参数，一般设为 CPU 的个数或者核数，在高并发的情况下可设置为 CPU 的个数或者核数的 2 倍，可以先查看 CPU 的核数以确定参数。

```
[root@www conf]# cat /proc/cpuinfo | grep -c "physical"
4
```

参数设置为 4，和 CPU 的核数相同。运行进程数设置多一些，响应客户端访问请求时，Nginx 就不会临时启动新的进程提供服务，减少了系统的开销，提升了服务速度。

```
[root@www conf]# vi nginx.conf
worker_processes  4;
```

修改完后，重启服务，使用 ps aux 查看运行进程数的变化情况。

```
[root@www conf]# service nginx stop
[root@www conf]# service nginx start
[root@www conf]# ps aux | grep nginx
root      1868  0.0  0.0  20220   620 ?    Ss   20:20   0:00 nginx: master process /usr/local/sbin/nginx
nginx     1869  0.0  0.0  20664  1324 ?    S    20:20   0:00 nginx: worker process
nginx     1870  0.0  0.0  20664  1324 ?    S    20:20   0:00 nginx: worker process
nginx     1871  0.0  0.0  20664  1248 ?    S    20:20   0:00 nginx: worker process
nginx     1872  0.0  0.0  20664  1304 ?    S    20:20   0:00 nginx: worker process
```

开启了 1 个主进程和 4 个子进程，可见参数设置起了作用。

默认情况下，Nginx 的多个进程可能更多地跑在一颗 CPU 上，可以分配不同的进程给不同的 CPU 处理，以充分利用硬件多核多 CPU。在一台 4 核 CPU 服务器上，设置每个进程分别由不同的 CPU 核心处理，以达到 CPU 的性能最大化。

```
[root@www conf]# vi nginx.conf
worker_processes  4;
worker_cpu_affinity 0001 0010 0100 1000;
```

8.2.2 配置网页压缩

Nginx 的 ngx_http_gzip_module 压缩模块提供了对文件内容压缩的功能，允许 Nginx 服务器将输出内容发送到客户端之前进行压缩，以节约网站的带宽，提升用户的访问体验。默认 Nginx 已经安装该模块，只需要在配置文件中加入相应的压缩功能参数对压缩性能进行优化即可。

gzip on：开启 gzip 压缩输出，

gzip_min_length 1k：用于设置允许压缩的页面最小字节数。

gzip_buffers 4 16k：表示申请 4 个单位为 16KB 的内存作为压缩结果流缓存，默认值是申请与原始数据大小相同的内存空间来存储 gzip 压缩结果。

gzip_http_version 1.1：用于设置识别 http 协议版本，默认是 1.1，目前大部分浏览器已经支持 gzip 解压，但处理很慢，也比较消耗服务器 CPU 资源。

gzip_comp_level 2：用来指定 gzip 压缩比，压缩比 1 最小，处理速度最快；压缩比 9 最大，传输速度快，但处理速度最慢，使用默认即可。

gzip_types text/plain：压缩类型，是指对哪些网页文档启用压缩功能。

gzip_vary on：该选项可以让前端的缓存服务器缓存经过 gzip 压缩的页面。

修改 Nginx 的配置文件，加入压缩功能参数。

```
[root@www conf]# vi nginx.conf
    gzip  on;
    gzip_buffers 4 64k;
    gzip_http_version 1.1;
    gzip_comp_level 2;
    gzip_min_length 1k;
    gzip_vary on;
    gzip_types text/plain text/javascript application/x-javascript text/css text/xml application/xml
application/xml+rss;
```

在 Nginx 工作目录建立一个超过 1KB 大小的 html 文件，然后访问网址抓取数据报文，如图 8.4 所示，显示使用 gzip 进行了压缩。

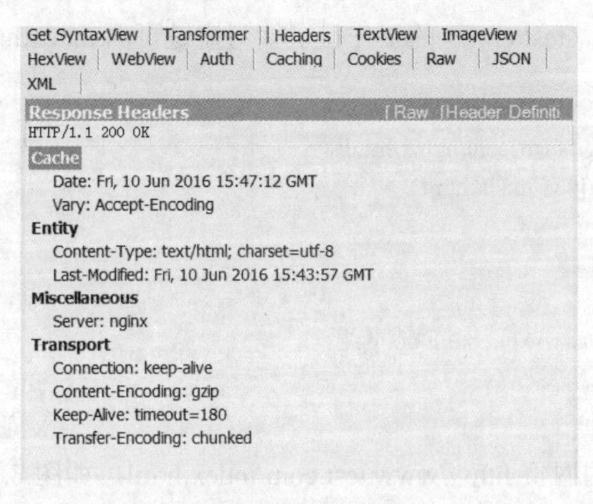

图 8.4 使用 gzip 压缩响应报文

8.2.3 配置防盗链

在企业网站服务中，一般都要配置防盗链功能，以避免网站内容被非法盗用，造成经济损失，也避免不必要的带宽浪费。Nginx 的防盗链功能非常强大，在默认情况下，只需要进行很简单的配置，即可实现防盗链处理。

1. 防盗链

需要准备两台主机模拟盗链，主机配置如表 8-1 所示。

表 8-1 准备两台主机模拟盗链

IP 地址	域名	用途
192.168.85.135	www.bt.com	源主机
192.168.85.138	www.test.com	盗链主机

（1）修改 Windows 的 C:\Windows\System32\drivers\etc\hosts 文件，设置域名和 IP 映射关系。

```
192.168.85.135 www.bt.com
192.168.85.138 www.test.com
```

（2）修改两台 CentOS 的 hosts 文件，设置域名和 IP 映射关系。

```
[root@www conf]# vi /etc/hosts
192.168.85.135 www.bt.com
192.168.85.138 www.test.com
```

（3）把图片 logo.jpg 放到源主机（bt.com）的工作目录下。

```
[root@www ~]# cd /usr/local/nginx/html/
[root@www html]# ls
50x.html   index.html    logo.jpg
```

（4）在盗链主机（test.com）的工作目录编写盗链页面 index.html，盗取源主机（bt.com）的图片。

```
[root@localhost ~]# cd /usr/local/nginx/html/
[root@localhost html]# vi index.html
<html>
<head></head>
<body>
      <img src="http://www.bt.com/logo.jpg"/>
</body>
</html>
```

（5）访问盗链的网页 http://www.test.com/index.html，如图 8.5 所示，查看是否盗链成功。

图 8.5　盗链页面

在图片上点击右键选择“属性”，可以看到图片的网址是 http://www.bt.com/logo.jpg，如图 8.6 所示，也就是在 www.test.com 中成功盗取了 www.bt.com 的图片。

2. 配置 Nginx 防盗链

Nginx 的防盗链原理是加入 location 项，用正则表达式过滤图片类型文件，对于信任的网址可以正常使用，对于不信任的网址则返回相应的错误图片。在源主机（bt.com）的配置文件中加入以下代码：

```
[root@www html]# cd /usr/local/nginx/conf
[root@www conf]# vi nginx.conf
location ~* \.(jpg|gif|swf)$ {
        valid_referers none blocked *.test.com  test.com;
        if ($invalid_referer) {
            rewrite ^/ http://www.bt.com/error.png;
        }
    }
```

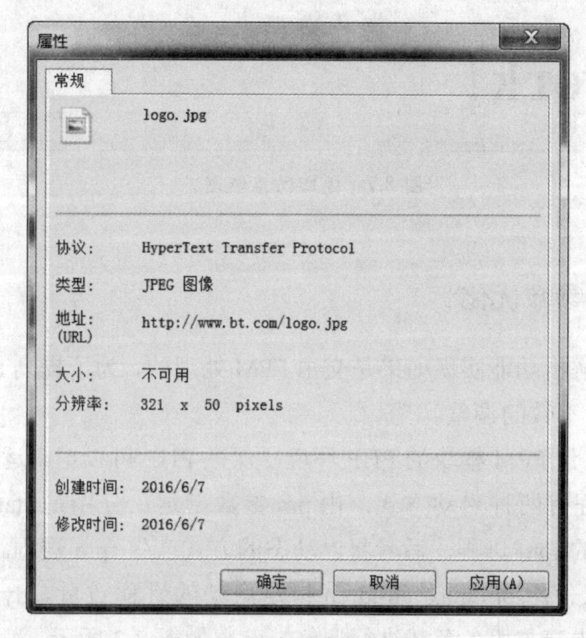

图 8.6 被盗链的图片属性

下面分析一下这段代码：

~* \.(jpg|gif|swf)$：这段正则表达式表示匹配不区分大小写，以 .jpg 或 .gif 或 .swf 结尾的文件。

valid_referers：设置信任的网站，可以正常使用图片。

none：浏览器中 referer 为空的情况，就是直接在浏览器访问图片。

blocked：浏览器中 referer 不为空的情况，但是值被代理或防火墙删除了，这些值不以 http:// 或 https:// 开头。

后面的网址或者域名：referer 中包含相关字符串的网址。

if 语句：如果链接的来源域名不在 valid_referers 所列出的列表中，$invalid_referer 为 1，则执行后面的操作，即进行重写或返回 403 页面。

把图片 error.png 放到源主机（bt.com）的工作目录下。

```
[root@www ~]# cd /usr/local/nginx/html/
[root@www html]# ls
50x.html   index.html    logo.jpg   error.png
```

这时重启服务器，重新访问 http://www.test.com/index.html，显示的是被重写的图片，如图 8.7 所示，说明防盗链配置成功。

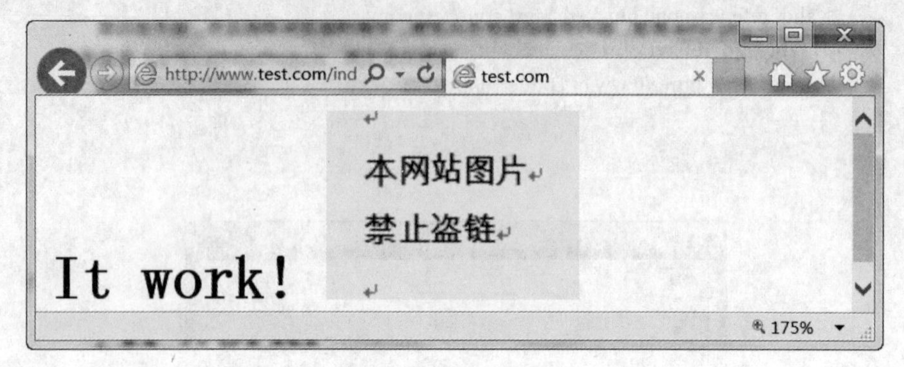

图 8.7 返回防盗链图片

8.2.4 FPM 参数优化

Nginx 的 PHP 解析功能实现如果是交由 FPM 处理的，为了提高 PHP 的处理速度，可对 FPM 模块进行参数的调整。

（1）首先安装带 FPM 模块的 PHP 环境，保证 PHP 可以正常运行。

（2）FPM 进程有两种启动方式，由 pm 参数指定，分别是 static 和 dynamic，前者将产生固定数据的 fpm 进程，后者将以动态的方式产生 fpm 进程。

static 方式可以使用 pm.max_children 指定启动的进程数量。dynamic 方式的参数则要根据服务器的内存与服务负载进行调整，参数如表 8-2 所示。

表 8-2 dynamic 方式的参数

选项	描述
pm.max_children	指定启动的进程的最大的数量
pm.start.servers	动态方式下初始的 ftpm 进程数量
pm.min_spare_servers	动态方式下最小的 fpm 空闲进程数
pm_max_spare_servers	动态方式下最大的 fpm 空闲进程数

下面假设有云服务器上，运行了个人论坛，内存为 1.5GB，fpm 进程数为 20，内存消耗近 1GB，处理比较慢，需对参数进行优化处理：

```
root@www etc]# cd /usr/local/php5/etc/
[root@www etc]# vi php-fpm.conf
pm=dynamic
pm.max_children=20
pm.start_servers=5
```

```
pm.min_spare_servers=2
pm.max_spare_servers=8
```

FPM 启动时有 5 个进程，最小空闲 2 个进程，最大空闲 8 个进程，最多可以有 20 个进程存在。

本章总结

- Nginx 服务优化包括隐藏版本号、更改用户与组、配置网页缓存时间、日志切割、设置连接超时。
- Nginx 深入优化包括更改进程数、配置网页压缩、配置防盗链和 FPM 参数优化。

本章作业

1. 简述 Nginx 网页缓存时间和连接超时的作用。
2. 简述 Nginx 日志切割的原理。
3. 如何配置 html 文件的防盗链？
4. 用课工场 APP 扫一扫完成在线测试，快来挑战吧！

随手笔记

第9章

部署 Tomcat 及其负载均衡

技能目标

- 理解 Tomcat 的应用场景
- 理解 Tomcat 的主配置文件
- 会安装配置 Tomcat
- 会搭建 Nginx+Tomcat 负载均衡集群

本章导读

在前面已经学习了 Nginx 服务器的安装配置，本章介绍 Tomcat 及 Nginx+Tomcat 负载均衡集群。Tomcat 案例首先介绍其应用场景，然后重点介绍 Tomcat 的安装配置。Nginx+Tomcat 负载均衡集群案例是应用于生产环境下的一套可靠的 Web 站点解决方案。

APP 扫码看视频

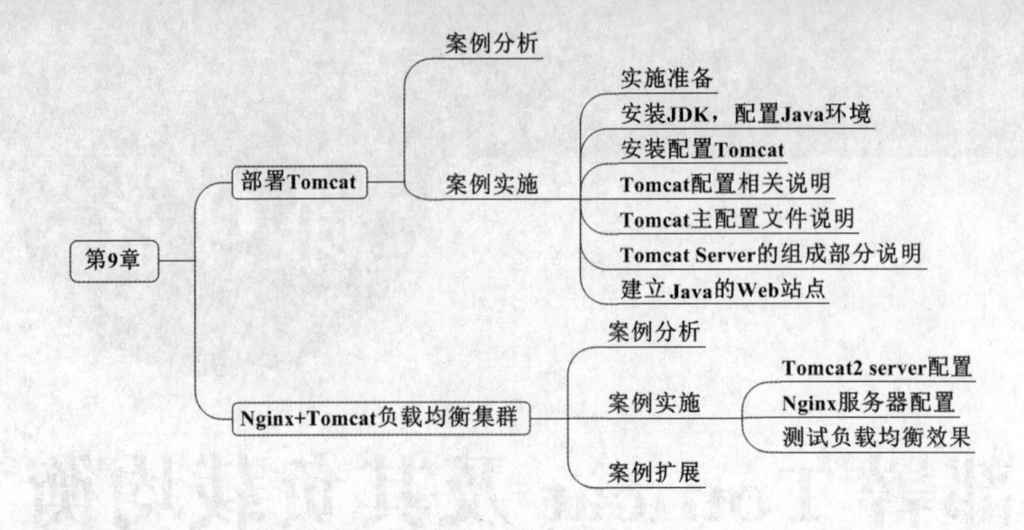

9.1 部署 Tomcat

9.1.1 案例分析

1. 案例概述

京北点指科技有限公司发布 V3 版移联建站管理系统，该项目为 Java 语言开发的 Web 站点。从目前来说，IBM 的 WebSphere 及 Oracle 的 WebLogic 占据了市面上 Java 语言 Web 站点的大部分份额，这两种软件由于无与伦比的性能及可靠性等优势被广泛应用于大型互联网公司的 Web 场景中，但是其高昂的价格也使得小型互联网公司望而却步。

Tomcat 自 5.X 版本以来，其性能已经得到了大幅的提升，再加上其开放性的框架和可二次开发等特性，已经完全可以用在访问量不是很大的生产环境下。目前大多数用于 JSP 技术开发的电子商务网站基本上都应用了 Tomcat，而且 Tomcat 的 Servlet 和 JSP 这两种 API 也完全可以适用于 V3 版移联建站管理系统。

2. 案例前置知识点

（1）Tomcat 简介

名称由来：Tomcat 最初是由 Sun 的软件架构师詹姆斯 • 邓肯 • 戴维森开发的。后来他将其变为开源项目，并由 Sun 贡献给 Apache 软件基金会。由于对大部分开源项目 O'Reilly 都会出一本相关的书，并且将其封面设计成某个动物的素描，因此詹姆斯希望将此项目以一个动物的名字命名，他希望这种动物能够自己照顾自己，最终，他将其命名为 Tomcat（公猫）。而 O'Reilly 出版的介绍 Tomcat 的书籍的封面也被设计成了一个公猫的形象。于是 Tomcat 的 Logo 兼吉祥物也被设计成了一只公猫。

其实 Tomcat 最早在开始研发的时候并不叫这个名字，早期 Tomcat 项目的名字叫 Catalina，所以当我们安装完 Tomcat 后会发现安装路径下面有很多和 Catalina 有关的目录和文件，而这些文件通常也是我们使用或者配置 Tomcat 的重要文件所在。

（2）应用场景

Tomcat 服务器是一个免费的开放源代码的 Web 应用服务器，属于轻量级应用服务器，在中小型系统和并发访问用户不是很多的场合下被普遍使用，是开发和调试 JSP 程序的首选。一般来说，Tomcat 虽然和 Apache 或者 Nginx 这些 Web 服务器一样，具有处理 HTML 页面的功能，然而由于其处理静态 HTML 的能力远不及 Apache 或者 Nginx，所以 Tomcat 通常是作为一个 Servlet 和 JSP 容器，单独运行在后端，如图 9.1 所示。

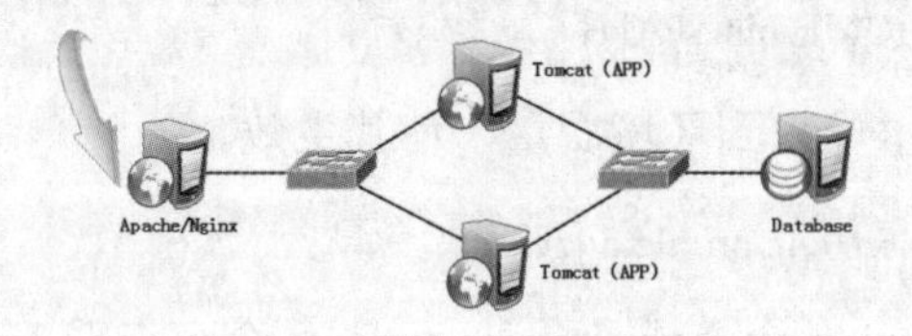

图 9.1 Tomcat 应用场景

3．案例环境

本案例环境，如表 9-1 所示。

表 9-1 案例环境

主机	操作系统	IP 地址	主要软件
Tomcat 服务器	CentOS 7.3 x86_64	192.168.1.100	① jdk-8u102-linux-x64.rpm ② apache-tomcat-8.5.11.tar.gz

9.1.2 案例实施

1．实施准备

（1）启动后关闭防火墙：

```
systemctl stop iptables
systemctl stop firewalld
```

（2）在安装 Tomcat 之前必须先安装 JDK。JDK 的全称是 Java Development Kit，是 Sun 公司免费提供的 Java 语言的软件开发工具包，其中包含 Java 虚拟机（JVM）。编写好的 Java 源程序经过编译可形成 Java 字节码，只要安装了 JDK，就可以利用 JVM 解释这些字节码文件，从而保证了 Java 的跨平台性。

在平台兼容性方面，JDK 作为解释字节码文件并据此调用操作系统 API 实现对应功能的 Java 虚拟机，与操作系统类型和平台位数密切相关，因此存在不同类型的版本。而 Tomcat 也具有上述特征，所以需要预先下载 JDK 和 Tomcat，这两个软件的版本如下：

```
JDK：jdk-8u102-linux-x64.rpm
Tomcat：apache-tomcat-8.5.11.tar.gz
```

2．安装 JDK，配置 Java 环境

（1）直接使用 rpm 方式安装

```
[root@localhost ~]# rpm -ivh jdk-8u102-linux-x64.rpm
```

（2）在 /etc/profile.d/ 下建立 java.sh 脚本，内容如下：

```
[root@localhost ~]# vim /etc/profile.d/java.sh
export JAVA_HOME=/usr/java/jdk1.8.0_102
export CLASSPATH=$JAVA_HOME/lib/tools.jar:$JAVA_HOME/lib/dt.jar
export PATH=$JAVA_HOME/bin:$PATH
```

（3）将 java.sh 脚本导入到环境变量，使其生效。

```
[root@localhost ~]# source /etc/profile.d/java.sh
```

（4）运行 java -version 命令或者 javac-version 命令查看 Java 版本是否和之前安装的一致。

```
[root@localhost ~]# java -version
java version “1.8.0_102”
Java(TM) SE Runtime Environment (build 1.8.0_102-b14)
Java HotSpot(TM) 64-Bit Server VM (build 25.102-b14, mixed mode)
```

至此 Java 环境已经配置完成。

3．安装配置 Tomcat

（1）解压 apache-tomcat-8.5.11.tar.gz 包。

```
[root@localhost ~]# tar xf apache-tomcat-8.5.11.tar.gz
```

（2）解压后生成 apache-tomcat-8.5.11 文件夹，将该文件夹移动到 /usr/local/ 下，并改名为 tomcat8。

```
[root@localhost ~]# mv apache-tomcat-8.5.11 /usr/local/tomcat8
```

（3）启动 Tomcat。

```
[root@localhost ~]# /usr/local/tomcat8/bin/startup.sh
Using CATALINA_BASE:   /usr/local/tomcat8
Using CATALINA_HOME:   /usr/local/tomcat8
Using CATALINA_TMPDIR: /usr/local/tomcat8/temp
Using JRE_HOME: /usr/java/jdk1.8.0_102
Using CLASSPATH: /usr/local/tomcat8/bin/bootstrap.jar:/usr/local/tomcat8/bin/tomcat-juli.jar
Tomcat started.
```

Tomcat 默认运行在 8080 端口，运行 netstat 命令可查看 8080 端口监听的信息。

```
[root@localhost ~]# netstat -anpt | grep 8080
tcp6      0      0 :::8080              :::*                 LISTEN      63246/java
```

（4）打开浏览器访问测试 http://192.168.1.100:8080/，如果出现如图 9.2 所示界面，则表示 Tomcat 已经配置启动成功。

如果想关闭 Tomcat，则运行 /usr/local/tomcat8/bin/shutdown.sh 命令。

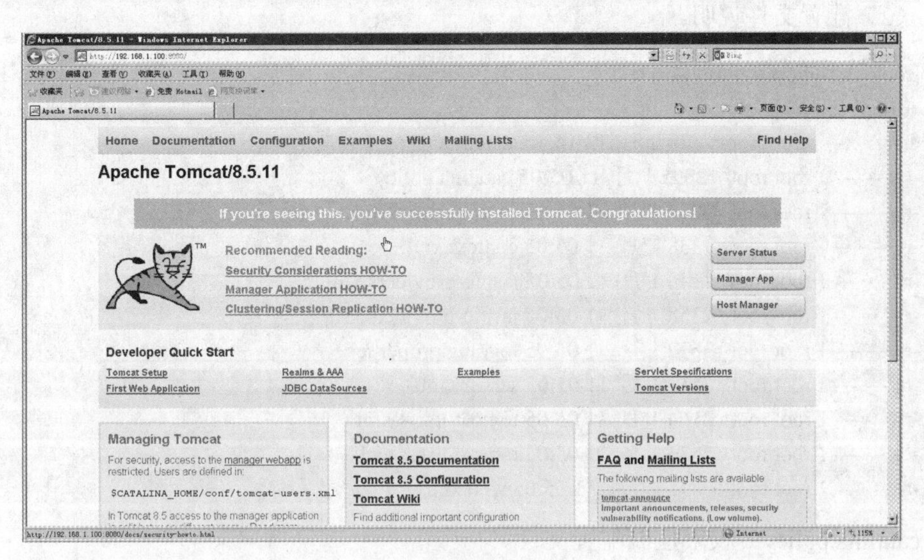

图 9.2　测试 Tomcat

4．Tomcat 配置相关说明

Tomcat 的主目录为 /usr/local/tomcat8/。

```
[root@localhost ~]# cd /usr/local/tomcat8/
[root@localhost tomcat8]# ll
总用量 116
drwxr-xr-x 2 root root  4096 7 月  20 19:33 bin
drwxr-xr-x 3 root root  4096 7 月  20 19:36 conf
drwxr-xr-x 2 root root  4096 7 月  20 19:33 lib
-rw-r--r-- 1 root root 56812 5 月  20 03:35 LICENSE
drwxr-xr-x 2 root root  4096 7 月  20 19:36 logs
-rw-r--r-- 1 root root  1192 5 月  20 03:35 NOTICE
-rw-r--r-- 1 root root  8974 5 月  20 03:35 RELEASE-NOTES
-rw-r--r-- 1 root root 16204 5 月  20 03:35 RUNNING.txt
drwxr-xr-x 2 root root  4096 7 月  20 19:33 temp
drwxr-xr-x 7 root root  4096 5 月  20 03:33 webapps
drwxr-xr-x 3 root root  4096 7 月  20 19:36 work
```

（1）主要目录说明。

|---bin/：存放 Windows 或 Linux 平台上启动和关闭 Tomcat 的脚本文件。

|---conf/：存放 Tomcat 服务器的各种全局配置文件，其中最重要的是 server.xml 和 web.xml。

|---lib/：存放 Tomcat 运行需要的库文件（JARS）。

|---logs：存放 Tomcat 执行时的 LOG 文件。

|---webapps：Tomcat 的主要 Web 发布目录（包括应用程序示例）。

|---work：存放 jsp 编译后产生的 class 文件。

（2）配置文件说明。

```
[root@localhost tomcat8]# ll conf/
总用量 224
drwxr-x--- 3 root root    30 2 月  13 16:15 Catalina
-rw------- 1 root root  12895 1 月  11 05:05 catalina.policy
-rw------- 1 root root   7202 1 月  11 05:05 catalina.properties
-rw------- 1 root root   1338 1 月  11 05:05 context.xml
-rw------- 1 root root   1149 1 月  11 05:05 jaspic-providers.xml
-rw------- 1 root root   2358 1 月  11 05:05 jaspic-providers.xsd
-rw------- 1 root root   3622 1 月  11 05:05 logging.properties
-rw------- 1 root root   7511 1 月  11 05:05 server.xml
-rw------- 1 root root   2164 1 月  11 05:05 tomcat-users.xml
-rw------- 1 root root   2633 1 月  11 05:05 tomcat-users.xsd
-rw------- 1 root root 168133 1 月  11 05:05 web.xml
```

catalina.policy：权限控制配置文件。

catalina.properties：Tomcat 属性配置文件。

context.xml：上下文配置文件。

logging.properties：日志 log 相关配置文件。

server.xml：主配置文件。

tomcat-users.xml：manager-gui 管理用户配置文件（Tomcat 安装后提供一个 manager-gui 的管理界面，通过配置该文件可以开启访问）。

web.xml：Tomcat 的 servlet、servlet-mapping、filter、MIME 等相关配置。

5. Tomcat 主配置文件说明

server.xml 为 Tomcat 的主要配置文件，通过配置该文件，可以修改 Tomcat 的启动端口、网站目录、虚拟主机、开启 https 等重要功能。

整个 server.xml 由以下结构构成：<Server>、<Service>、<Connector/>、<Engine>、<Host>、<Context>、</Context>、</Host>、</Engine>、</Service> 和 </Server>。

以下是默认安装后 server.xml 文件的部分内容，其中<!-- -->内的内容是注释信息，黑色斜体部分是我们需要注意和需要经常更改的部分。

```
<?xml version='1.0' encoding='utf-8'?>
......                         // 省略部分内容
<Server port="8005" shutdown="SHUTDOWN">
// Tomcat 关闭端口，默认只对本机地址开放，可以在本机通过 telnet 127.0.0.1 8005 访问该端口，
// 对 Tomcat 进行关闭操作
......                         // 省略部分内容
```

```
  <Connector port="8080" protocol="HTTP/1.1"
          connectionTimeout="20000"
          redirectPort="8443"/>
//Tomcat 启动的默认端口号 8080，可以根据需要进行更改

……                       // 省略部分内容

  <!-- Define an AJP 1.3 Connector on port 8009 -->
<Connector port="8009" protocol="AJP/1.3" redirectPort="8443" />
//Tomcat 启动 AJP 1.3 连接器时默认的端口号，可以根据需要进行更改
……                       // 省略部分内容

// 以下为 Tomcat 定义虚拟主机时的配置及日志配置
    <Host name="localhost" appBase="webapps"
        unpackWARs="true" autoDeploy="true">

      <!-- SingleSignOn valve, share authentication between web applications
          Documentation at: /docs/config/valve.html -->
      <!--
      <Valve className="org.apache.catalina.authenticator.SingleSignOn" />
      -->

      <!-- Access log processes all example.
          Documentation at: /docs/config/valve.html
          Note: The pattern used is equivalent to using pattern="common" -->
      <Valve className="org.apache.catalina.valves.AccessLogValve" directory = "logs"
          prefix="localhost_access_log." suffix=".txt"
          pattern="%h %l %u %t &quot;%r&quot; %s %b" />

    </Host>
  </Engine>
 </Service>
</Server>
```

6. Tomcat Server 的组成部分说明

（1）Server

Server 元素代表了整个 Catalina 的 servlet 容器。

（2）Service

Service 是这样一个集合：它由一个或者多个 Connector 组成，以及一个 Engine，负责处理所有 Connector 所获得的客户请求。

（3）Connector

有一个 Connector 在某个指定端口上侦听客户请求，并将获得的请求交给 Engine 来处理，从 Engine 处获得回应并返回客户。

Tomcat 有两个典型的 Connector，一个直接侦听来自 browser 的 http 请求，一个侦

听来自其他 WebServer 的请求。

Coyote Http/1.1 Connector 在端口 8080 处侦听来自 browser 的 http 请求。

Coyote JK2 Connector 在端口 8009 处侦听来自其他 WebServer（Apache）的 servlet/jsp 代理请求。

（4）Engine

Engine 下可以配置多个虚拟主机（Virtual Host），每个虚拟主机都有一个域名。

当 Engine 获得一个请求时，它把该请求匹配到某个 Host 上，然后把该请求交给该 Host 来处理。

Engine 有一个默认虚拟主机，当请求无法匹配到任何一个 Host 上的时候，将交给该默认 Host 来处理。

（5）Host

代表一个 Virtual Host（虚拟主机），每个虚拟主机和某个网络域名（Domain Name）相匹配。

每个虚拟主机下都可以部署（deploy）一个或者多个 Web App，每个 Web App 对应一个 Context，有一个 Context path。

当 Host 获得一个请求时，将把该请求匹配到某个 Context 上，然后把该请求交给该 Context 来处理，匹配的方法是“最长匹配”，所以一个 path=="" 的 Context 将成为该 Host 的默认 Context。

所有无法和其他 Context 的路径名匹配的请求都将最终和该默认 Context 匹配。

（6）Context

一个 Context 对应于一个 Web Application，一个 Web Application 由一个或者多个 Servlet 组成。

7. 建立 Java 的 Web 站点

（1）首先在根目录下建立一个 web 目录，并在里面建立一个 webapp1 目录，用于存放网站文件。

```
[root@localhost ~]# mkdir -pv /web/webapp1
mkdir: created directory "/web"
mkdir: created directory "/web/webapp1"
```

（2）在 webapp1 目录下建立一个 index.jsp 的测试页面。

```
[root@localhost ~]# vim /web/webapp1/index.jsp
[root@localhost ~]# more /web/webapp1/index.jsp
<%@ page language="java" import="java.util.*" pageEncoding="UTF-8"%>
<html>
 <head>
   <title>JSP test1 page</title>
 </head>
 <body>
```

```
    <% out.println("Welcome to test site,http://www.test1.com");%>
  </body>
</html>
```

（3）修改 Tomcat 的 server.xml 文件。

定义一个虚拟主机，并将网站文件路径指向已经建立的 /web/webapp1，在 host 段增加 context 段。

```
[root@localhost ~]# vim /usr/local/tomcat8/conf/server.xml
<Host name="localhost" appBase="webapps"
    unpackWARs="true" autoDeploy="true">
    <Context docBase="/web/webapp1" path="" reloadable="false" >
    </Context>                    //docBase：web 应用的文档基准目录
                                  //reloadable 设置监视"类"是否变化
                                  //path="" 设置默认"类"
```

（4）关闭 Tomcat，再重新启动。

```
[root@localhost ~]# /usr/local/tomcat8/bin/shutdown.sh
[root@localhost ~]# /usr/local/tomcat8/bin/startup.sh
```

（5）通过浏览器访问 http://192.168.1.100:8080/，出现如图 9.3 所示页面，说明该 Tomcat 站点已经配置成功，并且已经能够运行 JSP 了。

图 9.3 测试 Tomcat 站点

9.2 Nginx+Tomcat 负载均衡集群

9.2.1 案例分析

1. 案例概述

通常情况下，一个 Tomcat 站点由于可能出现单点故障及无法应付过多客户复杂多样的请求等问题，不能单独应用于生产环境下，所以我们需要一套更可靠的解决方案来完善 Web 站点架构。

Nginx 是一款非常优秀的 http 服务器软件，它能够支持高达 50 000 个并发连接数的响应，拥有强大的静态资源处理能力，运行稳定，并且内存、CPU 等系统资源消耗非常低。目前很多大型网站都应用 Nginx 服务器作为后端网站程序的反向代理及负载均衡器，来提升整个站点的负载并发能力。

本案例我们将讲解以 Nginx 作为负载均衡器，Tomcat 作为应用服务器的负载集群的设置方法。网站拓扑架构如图 9.4 所示。

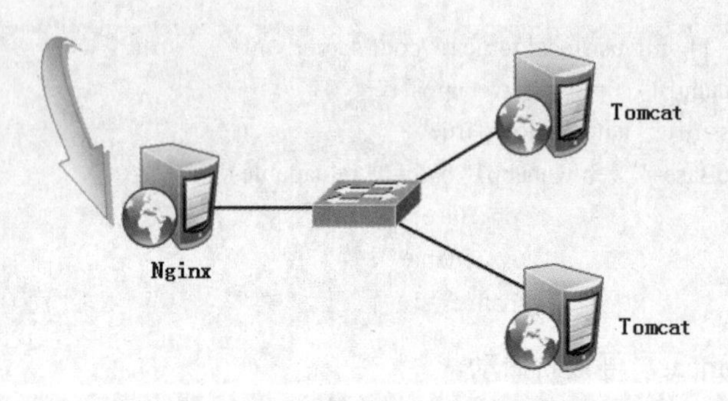

图 9.4　Nginx+Tomcat 网站拓扑架构

2. 案例环境

本案例环境如表 9-2 所示。

表 9-2　案例环境

主机	操作系统	IP 地址	主要软件
Nginx 服务器	CentOS 7.3 x86_64	192.168.1.102	nginx-1.10..3tar.gz
Tomcat 服务器 1	CentOS 7.3 x86_64	192.168.1.100:8080	① jdk-8u102-linux-x64.rpm ② apache-tomcat-8.5.11.tar.gz
Tomcat 服务器 2	CentOS 7.3 x86_64	192.168.1.101:8080	① jdk-8u102-linux-x64.rpm ② apache-tomcat-8.5.11.tar.gz

9.2.2 案例实施

1. Tomcat2 server 配置

Tomcat2 server 配置方法基本同 Tomcat1，其中包括：

（1）关闭 iptables 和 firewalld 默认防火墙。

（2）安装 JDK，配置 Java 环境，版本与 Tomcat1 server 保持一致。

（3）安装配置 Tomcat，版本与 Tomcat1 server 保持一致。

（4）创建 /web/webapp1 目录，修改 Tomcat 配置文件 server.xml，将网站文件目录更改到 /web/webapp1/ 路径下。

（5）在 /web/webapp1/ 路径下建立 index.jsp，为了区别将测试页面 index.jsp 的内容更改如下：

```
[root@localhost ~]# vim /web/webapp1/index.jsp
<%@ page language="java" import="java.util.*" pageEncoding="UTF-8"%>
<html>
  <head>
    <title>JSP test2 page</title>
  </head>
  <body>
    <% out.println("Welcome to test site,http://www.test2.com");%>
  </body>
</html>
```

（6）启动 Tomcat，浏览器访问 Tomcat2 server，测试 http://192.168.1.101:8080/。

2. Nginx 服务器配置

在 Nginx 服务器 192.168.1.102 上安装 Nginx，反向代理两个 Tomcat 站点，并实现负载均衡。

（1）关闭 iptables 和 firewalld 默认防火墙。

（2）安装相关软件包。

```
[root@localhost ~]# yum -y install pcre-devel zlib-devel openssl-devel
```

（3）解压并安装 Nginx。

```
[root@localhost ~]# groupadd www
[root@localhost ~]# useradd -g www www -s /bin/false
[root@localhost ~]# tar xf nginx-1.10.3.tar.gz
[root@localhost ~]# cd nginx-1.10.3
[root@localhost nginx-1.10.3]# ./configure --prefix=/usr/local/nginx --user=www
 --group=www --with-file-aio --with-http_stub_status_module --with-http_gzip_
 static_module --with-http_flv_module   --with-http_ssl_module
//--user=,--group=                  指定运行的用户和组
//--with-file-aio                   启用文件修改支持
//--with-http_stub_status_module    启用状态统计
//--with-http_gzip_static_module    启用 gzip 静态压缩
//--with-http_flv_module            启用 flv 模块，提供寻求内存使用基于时间的偏移量文件
//--with-http_ssl_module            启用 SSL 模块
[root@localhost nginx-1.10.3]# make && make install
```

（4）配置 nginx.conf。

```
[root@localhost ~]# vim /usr/local/nginx/conf/nginx.conf
```

① 在 http {…} 中加入以下代码，设定负载均衡的服务器列表，weight 参数表示权值，权值越高被分配到的概率越大。为了使测试效果比较明显，我们把权重设置为一样。

```
upstream tomcat_server {
        server 192.168.1.100:8080 weight=1;
        server 192.168.1.101:8080 weight=1;
    }
```

② 在 http {…} - server{…} - location / {…} 中加入一行“proxy_pass http://tomcat_

server ;”。

```
location / {
    root   html;
    index  index.html index.htm;
    proxy_pass    http://tomcat_server;
}
```

③ 配置完成的 nginx.conf 文件内容如下：

```
……                          // 省略部分内容
    http {
    ……                      // 省略部分内容
    #gzip  on;
    upstream tomcat_server {
                server 192.168.1.100:8080 weight=1;
                server 192.168.1.101:8080 weight=1;
                }
    server {
                listen       80;
                server_name  localhost;

                #charset koi8-r;

                #access_log  logs/host.access.log  main;

                location / {
                root   html;
                index  index.html index.htm;
                proxy_pass    http://tomcat_server;
                  }
            ……              // 省略部分内容
        }
……                          // 省略部分内容
      }
```

利用以上方式，把 Nginx 的默认站点通过 proxy_pass 方法代理到了设定好的 tomcat_server 负载均衡服务器组上。

（5）测试 Nginx 配置文件是否正确。

```
[root@localhost ~]# /usr/local/nginx/sbin/nginx -t
nginx: the configuration file /usr/local/nginx/conf/nginx.conf syntax is ok
nginx: configuration file /usr/local/nginx/conf/nginx.conf test is successful
```

（6）启动 Nginx 服务。

```
[root@localhost ~]# /usr/local/nginx/sbin/nginx -c /usr/local/nginx/conf/nginx.conf
```

（7）查看 Nginx 服务进程。

```
[root@localhost ~]# ps aux | grep nginx
root     114954     1  0 13:03 ?        00:00:00 nginx: master process /usr/local/nginx/sbin/nginx -c /usr/
```

```
local/nginx/conf/nginx.conf
    www      114955 114954  0 13:03 ?        00:00:00 nginx: worker process
    root     114972  92599  0 13:03 pts/1    00:00:00 grep --color=auto nginx
```

（8）查看端口号及 PID 进程号。

```
    [root@localhost ~]# netstat -anpt | grep nginx
    tcp        0      0 0.0.0.0:80            0.0.0.0:*              LISTEN      114954/nginx: maste
```

3. 测试负载均衡效果

（1）打开浏览器访问 http://192.168.1.102/。

（2）不断刷新浏览器测试，可以看到由于权重相同，页面会反复在以下两个页面间来回切换。

第一次访问，出现 test1 的测试页面，如图 9.5 所示。刷新后，第二次访问，出现 test2 的测试页面，如图 9.6 所示。这说明负载均衡集群搭建成功，已经可以在两个 Tomcat server 站点间进行切换了。

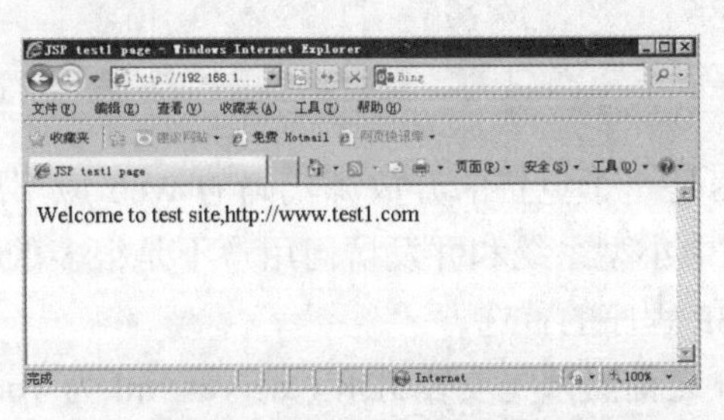

图 9.5　test1 的测试页面

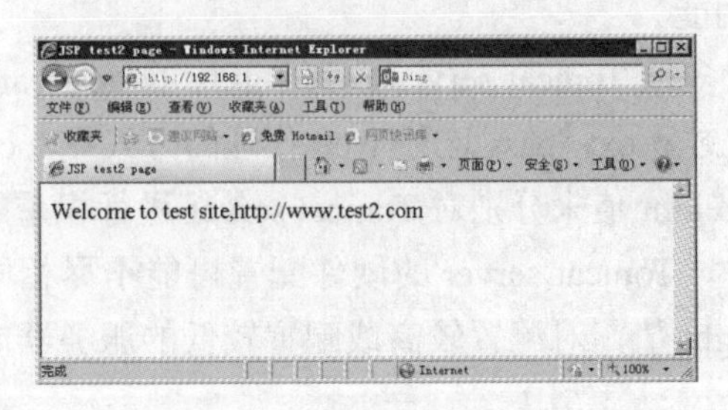

图 9.6　test2 的测试页面

9.2.3 案例扩展

为了减轻后端 Tomcat 的压力，得到更快的用户访问速度体验，可以做 Nginx+Tomcat 动静分离，如图 9.7 所示。

前端 Nginx+keepalived 做双机热备，后端 Tomcat 做负载均衡。Nginx 将 location 做动静分离后的 jsp 等程序文件分发到 Tomcat 集群上，将静态 html 网页、图片、js、css 等使用前端的 Nginx 来处理，以减轻后端 Tomcat 的压力。

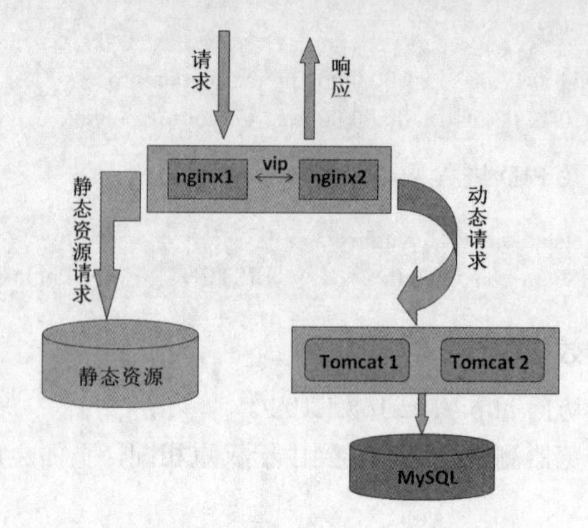

图 9.7 Nginx+Tomcat 动静分离

详细的配置实现请上课工场 APP 或官网 kgc.cn 观看视频。

本章总结

- Tomcat 服务器是一个免费的开放源代码的 Web 应用服务器，属于轻量级应用服务器，在中小型系统和并发访问用户不是很多的场合下被普遍使用，是开发和调试 JSP 程序的首选。
- 在安装 Tomcat 之前必须先安装 JDK。server.xml 为 Tomcat 的主要配置文件，通过配置该文件，可以修改 Tomcat 的启动端口、网站目录、虚拟主机、开启 https 等重要功能。
- 可以将两个或多个 Tomcat server 放到 Nginx 的 upstream 中组成一个负载均衡集群，然后通过 proxy_pass 这种 Web 代理的方式在 location 中设置集群站点，然后再通过 weight 值来分别对 Tomcat server 进行权重的设置。
- 在生产环境中，Tomcat server 的硬件配置可能不尽相同，可以通过修改相应服务器的 weight 值，对配置较高或配置较低的服务器的访问请求进行分配控制。

本章作业

1．描述 Tomcat server 的组成部分。

2．server.xml 为 Tomcat 的主要配置文件，它的结构构成是怎样的？

3．搭建 Nginx+Tomcat 负载均衡集群时，如果开启防火墙，需要如何配置防火墙规则？

第10章

LVS 负载均衡群集

技能目标

- 了解群集的结构与工作模式
- 学会构建 LVS 负载均衡群集

本章导读

在各种互联网应用中，随着站点对硬件性能、响应速度、服务稳定性、数据可靠性等的要求越来越高，单台服务器将难以承担所有的访问。除了使用价格昂贵的大型机、专用负载分流设备以外，企业还有另外一种选择来解决难题，那就是构建集群服务器——通过整合多台相对廉价的普通服务器，以同一个地址对外提供相同的服务。

本章将要学习在企业中常用的一种群集技术——LVS（Linux Virtual Server，Linux 虚拟服务器）。

APP 扫码看视频

- 第10章
  - LVS群集应用基础
    - 群集技术概述
      - 群集的类型
      - 负载均衡的分层结构
      - 负载均衡的工作模式
    - LVS虚拟服务器
      - LVS的负载调度算法
      - 使用ipvsadm管理工具
  - 构建LVS负载均衡群集
    - 案例：地址转换模式（LVS-NAT）
      - 准备案例环境
      - 配置负载调度器
      - 配置节点服务器
      - 测试LVS群集
    - 案例：直接路由模式（LVS-DR）
      - 准备案例环境
      - 配置负载调度器
      - 配置节点服务器
      - 测试LVS群集

10.1 LVS 群集应用基础

群集（或集群）的称呼来自于英文单词“Cluster”，表示一群、一串的意思，用在服务器领域则表示大量服务器的集合体，以区分于单个服务器。本节将对群集的结构、工作模式、LVS 虚拟应用，以及 NFS 共享存储做一个基础讲解。

10.1.1 群集技术概述

根据企业实际环境的不同，群集所提供的功能也各不相同，采用的技术细节也可能各有千秋。然而从整体上来看，需要先了解一些关于群集的共性特征，这样才能在构建和维护群集的工作中做到心中有数，避免操作上的盲目性。

1. 群集的类型

无论是哪种群集，都至少包括两台节点服务器，而对外表现为一个整体，只提供一个访问入口（域名或 IP 地址），相当于一台大型计算机。根据群集所针对的目标差异，可分为以下三种类型。

- 负载均衡群集（Load Balance Cluster）：以提高应用系统的响应能力、尽可能处理更多的访问请求、减少延迟为目标，获得高并发、高负载（LB）的整体性能。例如，“DNS 轮询”“应用层交换”“反向代理”等都可用作负载均衡群集。LB 的负载分配依赖于主节点的分流算法，将来自客户机的访问请求分担给多个服务器节点，从而缓解整个系统的负载压力。
- 高可用群集（High Availability Cluster）：以提高应用系统的可靠性、尽可能地减少中断时间为目标，确保服务的连续性，达到高可用（HA）的容错效果。例如，“故障切换”“双机热备”“多机热备”等都属于高可用群集技术。HA 的工作方式包括双工和主从两种模式。双工即所有节点同时在线；主从则只有主节点在线，但当出现故障时从节点能自动切换为主节点。

- 高性能运算群集（High Performance Computer Cluster）：以提高应用系统的 CPU 运算速度、扩展硬件资源和分析能力为目标，获得相当于大型、超级计算机的高性能运算（HPC）能力。例如，“云计算”“网格计算”也可视为高性能运算的一种。高性能运算群集的高性能依赖于“分布式运算”和“并行计算”，通过专用硬件和软件将多个服务器的CPU、内存等资源整合在一起，实现只有大型、超级计算机才具备的计算能力。

不同类型的群集在必要时可以合并，如高可用的负载均衡群集。本章和第 11 章将依次讲解 LVS 负载均衡群集、高可用软件 Keepalived，以及两者的结合使用。

2. 负载均衡的分层结构

在典型的负载均衡群集中，包括三个层次的组件，如图 10.1 所示。前端至少有一个负载调度器（Load Balancer，或称为 Director）负责响应并分发来自客户机的访问请求；后端由大量真实服务器（Real Server）构成服务器池（Server Pool），提供实际的应用服务，整个群集的伸缩性通过增加、删除服务器节点来完成，而这些过程对客户机是透明的；为了保持服务的一致性，所有节点使用共享存储设备。

- 第一层，负载调度器：这是访问整个群集系统的唯一入口，对外使用所有服务器共有的 VIP（Virtual IP，虚拟 IP）地址，也称为群集 IP 地址。通常会配置主、备两台调度器实现热备份，当主调度器失效以后平滑替换至备用调度器，确保高可用性。
- 第二层，服务器池：群集所提供的应用服务（如 HTTP、FTP）由服务器池承担，其中的每个节点具有独立的 RIP（Real IP，真实 IP）地址，只处理调度器分发过来的客户机请求。当某个节点暂时失效时，负载调度器的容错机制会将其隔离，等待错误排除以后再重新纳入服务器池。
- 第三层，共享存储：为服务器池中的所有节点提供稳定、一致的文件存取服务，确保整个群集的统一性。在Linux/UNIX环境中，共享存储可以使用NAS设备，或者提供 NFS（Network File System，网络文件系统）共享服务的专用服务器。

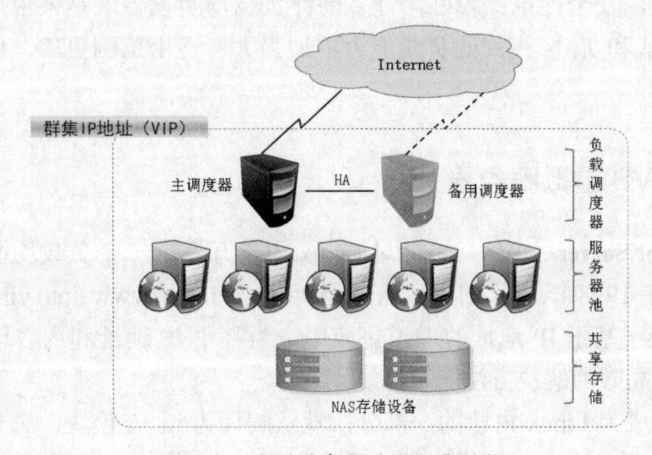

图 10.1　典型的负载均衡群集结构

3. 负载均衡的工作模式

关于群集的负载调度技术，可以基于 IP、端口、内容等进行分发，其中基于 IP 的负载调度是效率最高的。基于 IP 的负载均衡模式中，常见的有地址转换、IP 隧道和直接路由三种工作模式，如图 10.2 所示。

- 地址转换（Network Address Translation）：简称 NAT 模式，类似于防火墙的私有网络结构，负载调度器作为所有服务器节点的网关，即作为客户机的访问入口，也是各节点回应客户机的访问出口。服务器节点使用私有 IP 地址，与负载调度器位于同一个物理网络，安全性要优于其他两种方式。
- IP 隧道（IP Tunnel）：简称 TUN 模式，采用开放式的网络结构，负载调度器仅作为客户机的访问入口，各节点通过各自的 Internet 连接直接回应客户机，而不再经过负载调度器。服务器节点分散在互联网中的不同位置，具有独立的公网 IP 地址，通过专用 IP 隧道与负载调度器相互通信。
- 直接路由（Direct Routing）：简称 DR 模式，采用半开放式的网络结构，与 TUN 模式的结构类似，但各节点并不是分散在各地，而是与调度器位于同一个物理网络。负载调度器与各节点服务器通过本地网络连接，不需要建立专用的 IP 隧道。

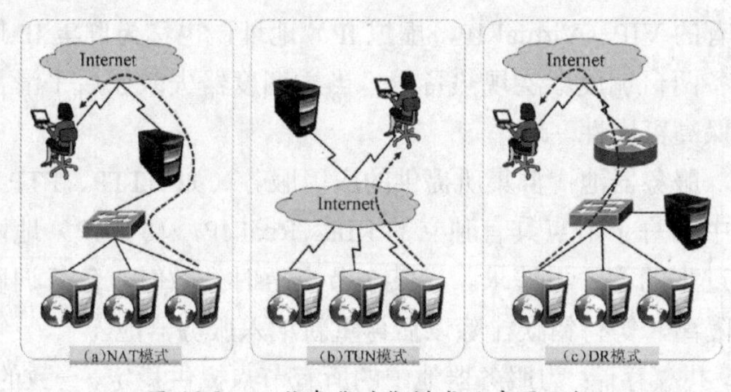

图 10.2　三种负载均衡模式示意图比较

以上三种工作模式中，NAT 方式只需要一个公网 IP 地址，从而成为最易用的一种负载均衡模式，安全性也比较好，许多硬件负载均衡设备就是采用这种方式；相比较而言，DR 模式和 TUN 模式的负载能力更加强大、适用范围更广，但节点的安全性要稍差一些。

10.1.2　LVS 虚拟服务器

Linux Virtual Server（LVS）是针对 Linux 内核开发的一个负载均衡项目，由我国的章文嵩博士在 1998 年 5 月创建，官方站点位于 http://www.linuxvirtualserver.org/。LVS 实际上相当于基于 IP 地址的虚拟化应用，为基于 IP 地址和内容请求分发的负载均衡提出了一种高效的解决方法。

LVS 现在已成为 Linux 内核的一部分，默认编译为 ip_vs 模块，必要时能够自动调用。在 CentOS 6 系统中，以下操作可以手动加载 ip_vs 模块，并查看当前系统中 ip_vs

模块的版本信息。

```
[root@localhost ~]# modprobe ip_vs                    // 加载 ip_vs 模块
[root@localhost ~]# cat /proc/net/ip_vs               // 查看 ip_vs 版本信息
IP Virtual Server version 1.2.1 (size=4096)
Prot LocalAddress:Port Scheduler Flags
  -> RemoteAddress:Port Forward Weight ActiveConn InActConn
```

下面将介绍 LVS 所支持的主要负载调度算法，以及在 LVS 负载均衡调度器上如何使用 ipvsadm 管理工具。

1. LVS 的负载调度算法

针对不同的网络服务和配置需要，LVS 调度器提供多种不同的负载调度算法，其中最常用的四种算法包括轮询、加权轮询、最少连接和加权最少连接。

- 轮询（Round Robin）：将收到的访问请求按照顺序轮流分配给群集中的各节点（真实服务器），均等地对待每一台服务器，而不管服务器实际的连接数和系统负载。
- 加权轮询（Weighted Round Robin）：根据真实服务器的处理能力轮流分配收到的访问请求，调度器可以自动查询各节点的负载情况，并动态调整其权重。这样可以保证处理能力强的服务器承担更多的访问流量。
- 最少连接（Least Connections）：根据真实服务器已建立的连接数进行分配，将收到的访问请求优先分配给连接数最少的节点。如果所有的服务器节点性能相近，采用这种方式可以更好地均衡负载。
- 加权最少连接（Weighted Least Connections）：在服务器节点的性能差异较大的情况下，可以为真实服务器自动调整权重，权重较高的节点将承担更大比例的活动连接负载。

2. 使用 ipvsadm 管理工具

ipvsadm 是在负载调度器上使用的 LVS 群集管理工具，通过调用 ip_vs 模块来添加、删除服务器节点，以及查看群集的运行状态。在 CentOS 6 系统中，需要手动安装 ipvsadm-1.26-2.el6.x86_64 软件包。

```
[root@localhost ~]# yum -y install ipvsadm
[root@localhost ~]# ipvsadm -v
ipvsadm v1.26 2008/5/15 (compiled with popt and IPVS v1.2.1)
```

LVS 群集的管理工作主要包括创建虚拟服务器、添加服务器节点、查看群集节点状态、删除服务器节点和保存负载分配策略。下面分别展示使用 ipvsadm 命令的操作方法。

（1）创建虚拟服务器

若群集的 VIP 地址为 172.16.16.172，针对 TCP 80 端口提供负载分流服务，使用的调度算法为轮询，则对应的 ipvsadm 命令操作如下所示。对于负载均衡调度器来说，VIP 必须是本机实际已启用的 IP 地址。

```
[root@localhost ~]# ipvsadm -A -t 172.16.16.172:80 -s rr
```

上述操作中，选项 -A 表示添加虚拟服务器，-t 用来指定 VIP 地址及 TCP 端口，-s 用来指定负载调度算法——轮询（rr）、加权轮询（wrr）、最少连接（lc）、加权最少连接（wlc）。

（2）添加服务器节点

为虚拟服务器 172.16.16.172 添加四个服务器节点，IP 地址依次为 192.168.7.21 ～ 24，对应的 ipvsadm 命令操作如下所示。若希望使用保持连接，还应添加“-p 60”选项，其中 60 为保持时间（秒）。

```
[root@localhost ~]# ipvsadm -a -t 172.16.16.172:80 -r 192.168.7.21:80 -m -w 1
[root@localhost ~]# ipvsadm -a -t 172.16.16.172:80 -r 192.168.7.22:80 -m -w 1
[root@localhost ~]# ipvsadm -a -t 172.16.16.172:80 -r 192.168.7.23:80 -m -w 1
[root@localhost ~]# ipvsadm -a -t 172.16.16.172:80 -r 192.168.7.24:80 -m -w 1
```

上述操作中，选项 -a 表示添加真实服务器，-t 用来指定 VIP 地址及 TCP 端口，-r 用来指定 RIP 地址及 TCP 端口，-m 表示使用 NAT 群集模式（-g DR 模式和 -i TUN 模式），-w 用来设置权重（权重为 0 时表示暂停节点）。

（3）查看群集节点状态

结合选项 -l 可以列表查看 LVS 虚拟服务器，可以指定只查看某一个 VIP 地址（默认为查看所有），结合选项 -n 将以数字形式显示地址、端口等信息。

```
[root@localhost ~]# ipvsadm -ln                                    // 查看节点状态
IP Virtual Server version 1.2.1 (size=4096)
Prot LocalAddress:Port Scheduler Flags
  -> RemoteAddress:Port           Forward Weight ActiveConn InActConn
TCP  172.16.16.172:80 rr
  -> 192.168.7.21:80              Masq    1      2          7
  -> 192.168.7.22:80              Masq    1      3          9
  -> 192.168.7.23:80              Masq    1      2          8
  -> 192.168.7.24:80              Masq    1      4          6
```

上述输出结果中，Forward 列下的 Masq 对应 Masquerade（地址伪装），表示采用的群集模式为 NAT；如果是 Route，则表示采用的群集模式为 DR。

（4）删除服务器节点

需要从服务器池中删除某一个节点时，使用选项 -d。执行删除操作必须指定目标对象，包括节点地址、虚拟 IP 地址。例如，以下操作将会删除 LVS 群集 172.16.16.172 中的节点 192.168.7.24。

```
[root@localhost ~]# ipvsadm -d -r 192.168.7.24:80 -t 172.16.16.172:80
```

需要删除整个虚拟服务器时，使用选项 -D 并指定虚拟 IP 地址即可，无需指定节点。例如，若执行“ipvsadm -D -t 172.16.16.172:80”，则删除此虚拟服务器。

（5）保存负载分配策略

使用导出 / 导入工具 ipvsadm-save/ipvsadm-restore 可以保存、恢复 LVS 策略，操作方法类似于 iptables 规则的导出、导入。通过系统服务 ipvsadm 也可以保存策略，如可执行“service ipvsadm save”；当然也可以快速清除、重建负载分配策略。

```
[root@localhost ~]# ipvsadm-save  > /etc/sysconfig/ipvsadm        // 保存策略
[root@localhost ~]# cat /etc/sysconfig/ipvsadm                    // 确认保存结果
-A -t 172.16.16.172:http -s rr
-a -t 172.16.16.172:http -r 192.168.7.21:http -m -w 1
-a -t 172.16.16.172:http -r 192.168.7.22:http -m -w 1
-a -t 172.16.16.172:http -r 192.168.7.23:http -m -w 1
[root@localhost ~]# service ipvsadm stop                  // 停止服务（清除策略）
ipvsadm: Clearing the current IPVS table:                 [ 确定 ]
ipvsadm: Unloading modules:                               [ 确定 ]
[root@localhost ~]# service ipvsadm start                 // 启动服务（重建规则）
ipvsadm: Clearing the current IPVS table:                 [ 确定 ]
ipvsadm: Applying IPVS configuration:                     [ 确定 ]
```

10.2 构建 LVS 负载均衡群集

本节将以构建 LVS 负载均衡群集为例，分别介绍两种群集模式—— LVS-NAT 和 LVS-DR，且讲解独立的两个案例。为了便于理解，案例结构针对实际应用有所简化。

10.2.1　案例：地址转换模式（LVS-NAT）

1. 准备案例环境

在 NAT 模式的群集中，LVS 负载调度器是所有节点访问 Internet 的网关服务器，其外网地址 172.16.16.172 同时也作为整个群集的 VIP 地址。LVS 调度器具有两块网卡，分别连接内外网，如图 10.3 所示。

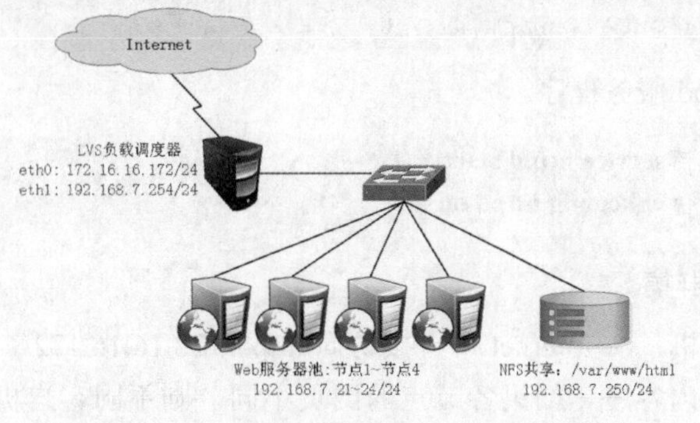

图 10.3　基于 NAT 模式的 LVS 负载均衡群集

对于 LVS 负载调度器来说，需使用 iptables 为出站响应配置 SNAT 转发规则，以便节点服务器能够访问 Internet。所有的节点服务器、共享存储均位于私有网络内，其默认网关设为 LVS 负载调度器的内网地址（192.168.7.254）。

2. 配置负载调度器

（1）配置 SNAT 转发规则

```
[root@localhost ~]# vi /etc/sysctl.conf
```

```
……                                                        // 省略部分信息
net.ipv4.ip_forward = 1
[root@localhost ~]# sysctl –p
[root@localhost ~]# iptables -t nat -A POSTROUTING -s 192.168.7.0/24 -o
    eth0 -j SNAT --to-source 172.16.16.172
```

（2）配置负载分配策略

```
[root@localhost ~]# service ipvsadm stop                  // 清除原有策略
[root@localhost ~]# ipvsadm -A -t 172.16.16.172:80 -s rr
[root@localhost ~]# ipvsadm -a -t 172.16.16.172:80 -r 192.168.7.21:80 -m -w 1
[root@localhost ~]# ipvsadm -a -t 172.16.16.172:80 -r 192.168.7.22:80 -m -w 1
[root@localhost ~]# ipvsadm -a -t 172.16.16.172:80 -r 192.168.7.23:80 -m -w 1
[root@localhost ~]# ipvsadm -a -t 172.16.16.172:80 -r 192.168.7.24:80 -m -w 1
[root@localhost ~]# service ipvsadm save                  // 保存策略
ipvsadm: Saving IPVS table to /etc/sysconfig/ipvsadm:     [ 确定 ]
[root@localhost ~]# chkconfig ipvsadm on
```

3. 配置节点服务器

所有的节点服务器均使用相同的配置，包括 httpd 服务端口、网站文档内容。实际上各节点的网站文档可存放在共享存储设备中，从而免去同步的过程。但在案例调试阶段可以为各节点采用不同的网页，以便测试负载均衡效果。

（1）安装 httpd，创建测试网页。

```
[root@localhost ~]# yum -y install httpd
[root@localhost ~]# mount 192.168.7.250:/opt/wwwroot /var/www/html     // 实验时可跳过
[root@localhost ~]# vi /var/www/html/index.html
<h1>LVS 负载均衡群集——测试网页 </h1>
```

（2）启用 httpd 服务程序。

```
[root@localhost ~]# service httpd start
[root@localhost ~]# chkconfig httpd on
```

4. 测试 LVS 群集

安排多台测试机，从 Internet 中直接访问 http://172.16.16.172/，将能够看到由真实服务器提供的网页内容——如果各节点的网页不同，则不同客户机看到的网页可能也不一样（可以多刷新几次）。

在 LVS 负载调度器中，通过查看节点状态可以观察当前的负载分配情况，对于轮询算法来说，每个节点所获得的连接负载应大致相当。

```
[root@localhost ~]# ipvsadm -ln
IP Virtual Server version 1.2.1 (size=4096)
Prot LocalAddress:Port Scheduler Flags
  -> RemoteAddress:Port           Forward Weight ActiveConn InActConn
TCP  172.16.16.172:80 rr
  -> 192.168.7.21:80              Masq    1      2          9
```

```
 -> 192.168.7.22:80          Masq   1    3       8
 -> 192.168.7.23:80          Masq   1    2       9
 -> 192.168.7.24:80          Masq   1    4       7
```

10.2.2　案例：直接路由模式（LVS-DR）

1. 准备案例环境

在 DR 模式的群集中，LVS 负载调度器作为群集的访问入口，但不作为网关使用；服务器池中的所有节点都各自接入 Internet，发送给客户机的 Web 响应数据包不需要经过 LVS 负载调度器，如图 10.4 所示。

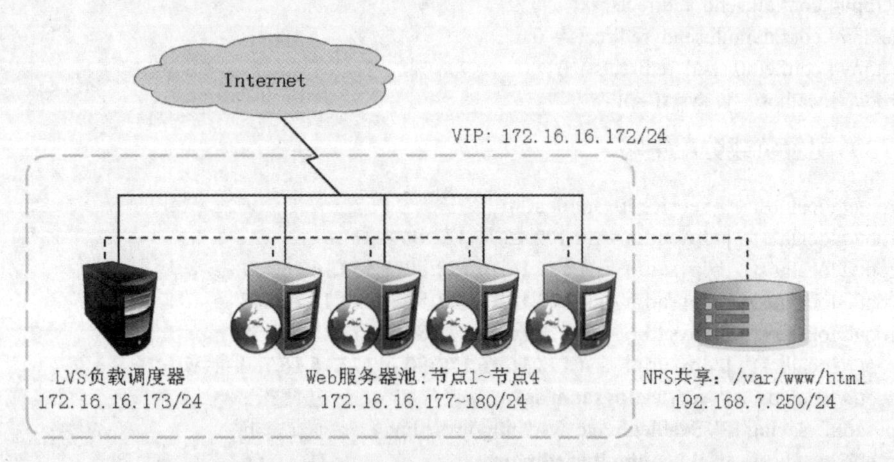

图 10.4　基于 DR 模式的 LVS 负载均衡群集 1

这种方式入站、出站访问数据被分别处理，因此 LVS 负载调度器和所有的节点服务器都需要配置有 VIP 地址，以便响应对整个群集的访问。考虑到数据存储的安全性，共享存储设备会放在内部的专用网络中。

关于 DR 模式的原理、数据包流向分析、ARP 问题的详细讲解，请上课工场 APP 或官网 kgc.cn 看视频。

2. 配置负载调度器

（1）配置虚拟 IP 地址（VIP）

采用虚接口的方式（eth0:0），为网卡 eth0 绑定 VIP 地址，以便响应群集访问。配置结果为 eth0 172.16.16.173/24、eth0:0 172.16.16.172/24。

```
[root@localhost ~]# cd /etc/sysconfig/network-scripts/
[root@localhost network-scripts]# cp ifcfg-eth0 ifcfg-eth0:0
[root@localhost network-scripts]# vi ifcfg-eth0:0
……                                                      // 省略部分信息
DEVICE=eth0:0
ONBOOT=yes
IPADDR=172.16.16.172
```

```
NETMASK=255.255.255.0
[root@localhost network-scripts]# ifup eth0:0
[root@localhost network-scripts]# ifconfig eth0:0
eth0:0    Link encap:Ethernet  HWaddr 00:0C:29:8B:30:B8
          inet addr:172.16.16.172  Bcast:172.16.16.255  Mask:255.255.255.0
          UP BROADCAST RUNNING MULTICAST  MTU:1500  Metric:1
```

（2）调整 /proc 响应参数

对于 DR 群集模式来说，由于 LVS 负载调度器和各节点需要共用 VIP 地址，应该关闭 Linux 内核的重定向参数响应。

```
[root@localhost ~]# vi /etc/sysctl.conf
……                                                    // 省略部分信息
net.ipv4.conf.all.send_redirects = 0
net.ipv4.conf.default.send_redirects = 0
net.ipv4.conf.eth0.send_redirects = 0
[root@localhost ~]# sysctl –p
```

（3）配置负载分配策略

```
[root@localhost ~]# service ipvsadm stop                 // 清除原有策略
[root@localhost ~]# ipvsadm -A -t 172.16.16.172:80 -s rr
[root@localhost ~]# ipvsadm -a -t 172.16.16.172:80 -r 172.16.16.177 -g -w 1
[root@localhost ~]# ipvsadm -a -t 172.16.16.172:80 -r 172.16.16.178 -g -w 1
[root@localhost ~]# ipvsadm -a -t 172.16.16.172:80 -r 172.16.16.179 -g -w 1
[root@localhost ~]# ipvsadm -a -t 172.16.16.172:80 -r 172.16.16.180 -g -w 1
[root@localhost ~]# service ipvsadm save                 // 保存策略
ipvsadm: Saving IPVS table to /etc/sysconfig/ipvsadm:    [ 确定 ]
[root@localhost ~]# chkconfig ipvsadm on
```

3. 配置节点服务器

使用 DR 模式时，节点服务器也需要配置 VIP 地址，并调整内核的 ARP 响应参数以阻止更新 VIP 的 MAC 地址，避免发生冲突。除此以外，Web 服务的配置与 NAT 方式类似。

（1）配置虚拟 IP 地址（VIP）。

在每个节点服务器，同样需要具有 VIP 地址 172.16.16.172，但此地址仅用作发送 Web 响应数据包的源地址，并不需要监听客户机的访问请求（改由调度器监听并分发）。因此使用虚接口 lo:0 来承载 VIP 地址，并为本机添加一条路由记录，将访问 VIP 的数据限制在本地，以避免通信紊乱。

```
[root@localhost ~]# cd /etc/sysconfig/network-scripts/
[root@localhost network-scripts]# cp ifcfg-lo ifcfg-lo:0
[root@localhost network-scripts]# vi ifcfg-lo:0
DEVICE=lo:0
IPADDR=172.16.16.172
NETMASK=255.255.255.255                                 // 注意：子网掩码必须全为 1
ONBOOT=yes
[root@localhost network-scripts]# ifup lo:0
```

```
[root@localhost network-scripts]# ifconfig lo:0
lo:0      Link encap:Local Loopback
          inet addr:172.16.16.172  Mask:255.255.255.255
          UP LOOPBACK RUNNING  MTU:16436  Metric:1
[root@localhost ~]# vi /etc/rc.local                       //添加 VIP 本地访问路由
……                                                         //省略部分信息
/sbin/route add -host 172.16.16.172 dev lo:0
[root@localhost ~]# route add -host 172.16.16.172 dev lo:0
```

（2）调整 /proc 响应参数。

```
[root@localhost ~]# vi /etc/sysctl.conf
……                                                         //省略部分信息
net.ipv4.conf.all.arp_ignore = 1
net.ipv4.conf.all.arp_announce = 2
net.ipv4.conf.default.arp_ignore = 1
net.ipv4.conf.default.arp_announce = 2
net.ipv4.conf.lo.arp_ignore = 1
net.ipv4.conf.lo.arp_announce = 2
[root@localhost ~]# sysctl -p
```

（3）安装 httpd，创建测试网页。

```
[root@localhost ~]# yum -y install httpd
[root@localhost ~]# mount 192.168.7.250:/opt/wwwroot /var/www/html  //实验时可跳过
[root@localhost ~]# vi /var/www/html/index.html
<h1>LVS 负载均衡群集——测试网页 /<h1>
```

（4）启用 httpd 服务程序。

```
[root@localhost ~]# service httpd start
[root@localhost ~]# chkconfig httpd on
```

4. 测试 LVS 群集

安排多台测试机，从 Internet 中直接访问 http://172.16.16.172/，将能够看到由真实服务器提供的网页内容——如果各节点的网页不同，则不同客户机看到的网页可能也不一样（可以多刷新几次）。

在 LVS 负载调度器中，通过查看节点状态可以观察当前的负载分配情况，对于轮询算法来说，每个节点所获得的连接负载应大致相当。

```
[root@localhost ~]# ipvsadm -ln
IP Virtual Server version 1.2.1 (size=4096)
Prot LocalAddress:Port Scheduler Flags
  -> RemoteAddress:Port           Forward Weight ActiveConn InActConn
TCP  172.16.16.172:80 rr
  -> 172.16.16.177:80             Route   1      2          9
  -> 172.16.16.178:80             Route   1      3          8
  -> 172.16.16.179:80             Route   1      2          9
  -> 172.16.16.180:80             Route   1      4          7
```

本章总结

- 常见的群集类型包括负载均衡群集、高可用群集和高性能运算群集。
- 负载均衡群集的工作模式：地址转换（NAT）模式、IP 隧道（TUN）模式和直接路由（DR）模式。
- LVS 负载均衡群集的常用调度算法：轮询（rr）、加权轮询（wrr）、最少连接（lc）和加权最少连接（wlc）。
- ipvsadm 工具可用来配置 LVS 负载调度器和管理群集节点。
- NAT 模式的群集采用单一出入口，一个公网 IP 地址；而 DR 模式的群集采用单一入口 + 多路出口，需要多个公网 IP 地址。

本章作业

1．对比 LVS 负载均衡群集的 NAT 模式和 DR 模式，比较其各自的优势。
2．构建 LVS-DR 群集时，在调度器与节点服务器中的 /proc 参数调整有何区别？
3．基于 CentOS 7.3 构建 LVS-DR 群集。
4．用课工场 APP 扫一扫完成在线测试，快来挑战吧！

第11章

LVS+Keepalived 高可用群集

技能目标

- 学会构建双机热备系统
- 学会构建 LVS+HA 高可用群集

本章导读

在这个高度信息化的IT时代，企业的生产系统、业务运营、销售和支持，以及日常管理等环节越来越依赖于计算机信息和服务，使得对高可用（HA）技术的应用需求大量上升，以便提供持续的、不间断的计算机系统或网络服务。

本章将学习如何使用 Keepalived 实现双机热备，包括针对 IP 地址的故障切换，以及在 LVS 高可用群集中的热备应用。

APP 扫码看视频

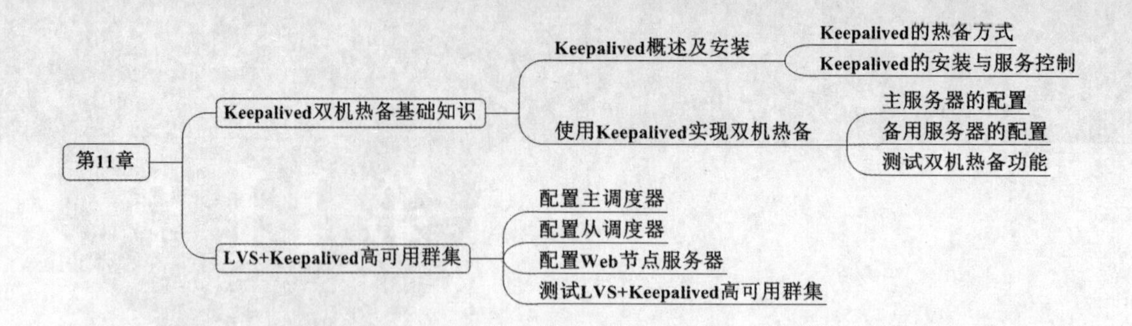

11.1 Keepalived 双机热备基础知识

Keepalived 起初是专门针对 LVS 设计的一款强大的辅助工具，主要用来提供故障切换（Failover）和健康检查（Health Checking）功能——判断 LVS 负载调度器、节点服务器的可用性，及时隔离并替换为新的服务器，当故障主机恢复后将其重新加入群集。

11.1.1 Keepalived 概述及安装

Keepalived 的官方网站位于 http://www.keepalived.org/，本章将以版本 1.2.13 为例，讲解其配置和使用过程。在非 LVS 群集环境中使用时，Keepalived 也可以作为热备软件使用。

1. Keepalived 的热备方式

Keepalived 采用 VRRP（Virtual Router Redundancy Protocol，虚拟路由冗余协议）热备份协议，以软件的方式实现 Linux 服务器的多机热备功能。VRRP 是针对路由器的一种备份解决方案——由多台路由器组成一个热备组，通过共用的虚拟 IP 地址对外提供服务；每个热备组内同一时刻只有一台主路由器提供服务，其他路由器处于冗余状态，若当前在线的路由器失效，则其他路由器会自动接替（优先级决定接替顺序）虚拟 IP 地址，以继续提供服务，如图 11.1 所示。

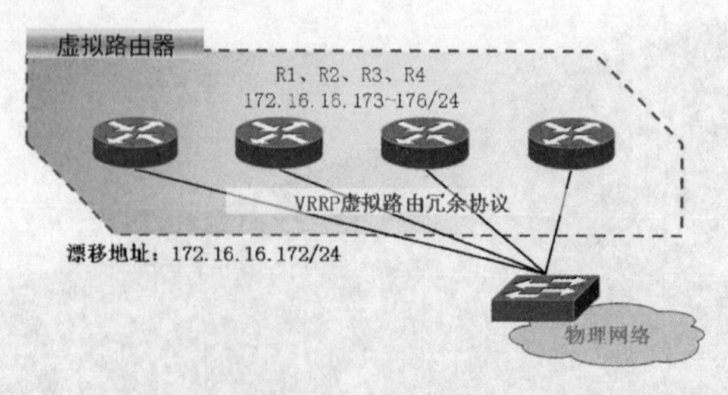

图 11.1 Keepalived 的 VRRP 热备机制

热备组内的每台路由器都可能成为主路由器，虚拟路由器的 IP 地址（VIP）可以在热备组内的路由器之间进行转移，所以也称为漂移 IP 地址。使用 Keepalived 时，漂移地址的实现不需要手动建立虚接口配置文件（如 eth0:0），而是由 Keepalived 根据配置文件自动管理。

2. Keepalived 的安装与服务控制

（1）安装支持软件

在编译安装 Keepalived 之前，必须先安装内核开发包 kernel-devel，以及 openssl-devel、popt-devel 等支持库。除此之外，在 LVS 群集环境中应用时，也需要用到 ipvsadm 管理工具。

```
[root@localhost ~]# yum -y install kernel-devel openssl-devel popt-devel
[root@localhost ~]# yum -y install ipvsadm
```

（2）编译安装 Keepalived

使用指定的 Linux 内核位置对 Keepalived 进行配置，并将安装路径指定为根目录，这样就无需额外创建链接文件了。只有在使用 LVS 时，才需要参数 --with-kernel-dir。配置完成后，依次执行 make、make install 进行安装。

```
[root@localhost ~]# tar zxf keepalived-1.2.13.tar.gz
[root@localhost ~]# cd keepalived-1.2.13
[root@localhost keepalived-1.2.13]# ./configure --prefix=/ --with-kernel-dir=
    /usr/src/kernels/2.6.32-431.el6.x86_64
[root@localhost keepalived-1.2.13]# make
[root@localhost keepalived-1.2.13]# make install
```

（3）使用 Keepalived 服务

执行 make install 操作以后，会自动生成 /etc/init.d/keepalived 脚本文件，但还需要手动添加为系统服务，这样就可以使用 service、chkconfig 工具来对 Keepalived 服务程序进行管理了。

```
[root@localhost ~]# ls -l /etc/init.d/keepalived
-rwxr-xr-x 1 root root 1308 7 月  24 16:23 /etc/init.d/keepalived
[root@localhost ~]# chkconfig --add keepalived
[root@localhost ~]# chkconfig keepalived on
```

11.1.2 使用 Keepalived 实现双机热备

基于 VRRP 协议的热备方式，Keepalived 可以用作服务器的故障切换，每个热备组可以有多台服务器——当然，最常用的就是双机热备了。在这种双机热备方案中，故障切换主要针对虚拟 IP 地址的漂移来实现，因此能够适用于各种应用服务器（不管是 Web、FTP、Mail，还是 SSH、DNS……）。

本小节将通过一个简单的案例来说明 Keepalived 双机热备的配置方法。其中，主、备服务器的 IP 地址分别为 172.16.16.173 和 172.16.16.174，基于漂移地址 172.16.16.172 提供 Web 服务，如图 11.2 所示。

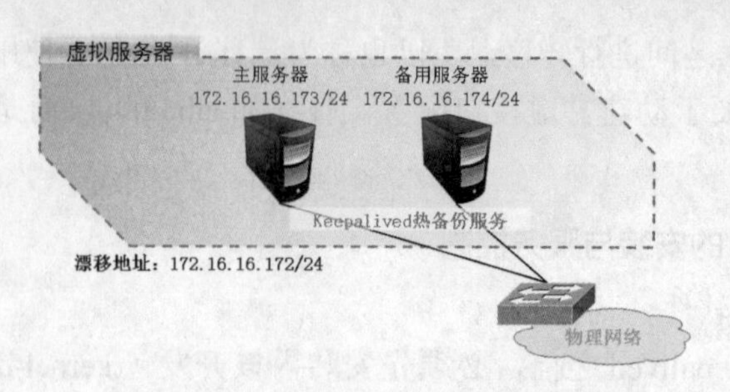

图 11.2　Keepalived 双机热备示意图

主、备服务器中都需要安装 Keepalived，具体步骤请参考 11.1.1 节；使用 RPM 方式安装 httpd 提供 Web 服务。下面仅讲解与 Keepalived 相关的配置及测试过程。

1. 主服务器的配置

Keepalived 服务的配置目录位于 /etc/keepalived/。其中 keepalived.conf 是主配置文件；另外包括一个子目录 samples/，提供了许多配置样例作为参考。在 Keepalived 的配置文件中，使用“global_defs {…}”区段指定全局参数，使用“vrrp_instance 实例名称 {…}”区段指定 VRRP 热备参数，注释文字以“!”符号开头。

```
[root@localhost ~]# cd /etc/keepalived/
[root@localhost keepalived]# cp keepalived.conf keepalived.conf.bak
[root@localhost keepalived]# vi keepalived.conf
global_defs {
  router_id HA_TEST_R1                        // 本路由器（服务器）的名称
}
vrrp_instance VI_1 {                           // 定义 VRRP 热备实例
  state MASTER                                 // 热备状态，MASTER 表示主服务器
  interface eth0                               // 承载 VIP 地址的物理接口
  virtual_router_id 1                          // 虚拟路由器的 ID 号，每个热备组保持一致
  priority 100                                 // 优先级，数值越大优先级越高
  advert_int 1                                 // 通告间隔秒数（心跳频率）
  authentication {                             // 认证信息，每个热备组保持一致
    auth_type PASS                             // 认证类型
    auth_pass 123456                           // 密码字串
  }
  virtual_ipaddress {                          // 指定漂移地址（VIP），可以有多个
    172.16.16.172
  }
}
```

确认上述配置无误，然后启动 Keepalived 服务。实际状态为 MASTER 的主服务器将为 eth0 接口自动添加 VIP 地址，通过 ip 命令可以查看（注意：ifconfig 命令看不到）。

```
[root@localhost keepalived]# service keepalived start
[root@localhost keepalived]# ip addr show dev eth0
2: eth0: <BROADCAST,MULTICAST,UP,LOWER_UP> mtu 1500 qdisc pfifo_fast state
UNKNOWN qlen 1000
   link/ether 00:0c:29:8b:30:b8 brd ff:ff:ff:ff:ff:ff
```

```
inet 172.16.16.173/24 brd 172.16.16.255 scope global eth0
inet 172.16.16.172/32 scope global eth0          // 自动设置的 VIP 地址
inet6 fe80::20c:29ff:fe8b:30b8/64 scope link
  valid_lft forever preferred_lft forever
```

2. 备用服务器的配置

在同一个 Keepalived 热备组内，所有服务器的 Keepalived 配置文件基本相同，包括路由器名称、虚拟路由器的 ID 号、认证信息、漂移地址、心跳频率等。不同之处主要在于路由器名称、热备状态、优先级。

- 路由器名称（router_id）：建议为每个参与热备的服务器指定不同的名称。
- 热备状态（state）：至少应有一台主服务器，将状态设为 MASTER；但可以有多台备用的服务器，将状态设为 BACKUP。
- 优先级（priority）：数值越大则取得 VIP 控制权的优先级越高，因此主服务器的优先级应设为最高；其他备用服务器的优先级可依次递减，但不要相同，以免在争夺 VIP 控制权时发生冲突。

配置备用服务器（可以有多台）时，可以参考主服务器的 keepalived.conf 配置文件内容，只要修改路由器名称、热备状态、优先级就可以了。

```
[root@localhost ~]# service iptables stop      // 关闭防火墙
[root@localhost ~]# cd /etc/keepalived/
[root@localhost keepalived]# cp keepalived.conf keepalived.conf.bak
[root@localhost keepalived]# vi keepalived.conf
global_defs {
  router_id HA_TEST_R2                         // 本路由器（服务器）的名称
}
vrrp_instance VI_1 {
   state BACKUP                                // 热备状态，BACKUP 表示备用服务器
   priority 99                                 // 优先级，数值应低于主服务器
   ……                                          // 省略部分内容
}
```

确认配置无误，一样需要启动 Keepalived 服务。此时主服务器仍然在线，VIP 地址实际上仍然由主服务器控制，其他服务器处于备用状态，因此在备用服务器中将不会为 eth0 接口添加 VIP 地址。

```
[root@localhost keepalived]# service keepalived start
[root@localhost keepalived]# ip addr show dev eth0
2: eth0: <BROADCAST,MULTICAST,UP,LOWER_UP> mtu 1500 qdisc pfifo_fast state
     UNKNOWN qlen 1000
  link/ether 00:0c:29:b3:33:46 brd ff:ff:ff:ff:ff:ff
  inet 172.16.16.174/24 brd 172.16.16.255 scope global eth0
  inet6 fe80::20c:29ff:feb3:3346/64 scope link
    valid_lft forever preferred_lft forever
```

3. 测试双机热备功能

Keepalived 的日志消息保存在 /var/log/messages 文件中，在测试主、备故障自动切

换功能时，可以跟踪此日志文件来观察热备状态的变化。以针对连通性和 Web 服务的测试为例，主要操作如下所述。

（1）连通性测试

在客户机中执行“ping -t 172.16.16.172”，能够正常、持续 ping 通，根据以下操作继续观察测试结果。

① 禁用主服务器的 eth0 网卡，发现 ping 测试只中断了 1 或 2 个包即恢复正常，说明已有其他服务器接替 VIP 地址，并及时响应客户机请求。

② 重新启用主服务器的 eth0 网卡，发现 ping 测试再次中断 1 或 2 个包即恢复正常，说明主服务器已恢复正常，并夺回 VIP 地址的控制权。

（2）Web 访问测试

在客户机中访问 http://172.16.16.172/，将看到由主服务器 172.16.16.173 提供的网页文档。

① 禁用主服务器的 eth0 网卡，再次访问上述 Web 服务，将看到由备用服务器 172.16.16.174 提供的网页文档，说明 VIP 地址已切换至备用服务器。

② 重新启用主服务器的 eth0 网卡，再次访问上述 Web 服务，将看到重新由主服务器 172.16.16.173 提供的网页文档，说明主服务器已重新取得 VIP 地址。

（3）查看日志记录

在执行主、备故障切换的过程中，分别观察各自的 /var/log/messages 日志文件，可以看到 MASTER、SLAVE 状态的迁移记录。

① 主服务器中，状态先变为失效、放弃控制权，恢复后重新变为 MASTER。

```
[root@localhost ~]# less /var/log/messages
……                                    // 省略部分信息
Nov  8 20:48:47 localhost Keepalived_vrrp: Kernel is reporting: interface eth0 DOWN
Nov  8 20:48:47 localhost Keepalived_vrrp: VRRP_Instance(VI_1) Entering FAULT
    STATE
Nov  8 20:48:47 localhost Keepalived_vrrp: VRRP_Instance(VI_1) removing protocol
    VIPs.
……                                    // 省略部分信息
Nov  8 21:04:06 localhost Keepalived_vrrp: Kernel is reporting: interface eth0 UP
Nov  8 21:04:06 localhost Keepalived_vrrp: VRRP_Instance(VI_1) Transition to
    MASTER STATE
Nov  8 21:04:07 localhost Keepalived_vrrp: VRRP_Instance(VI_1) Entering MASTER
    STATE
……                                    // 省略部分信息
```

② 备用服务器中，状态先切换为 MASTER，待主服务器恢复后再交回控制权。

```
[root@localhost ~]# less /var/log/messages
……                                    // 省略部分信息
Nov  8 20:48:49 localhost Keepalived_vrrp: VRRP_Instance(VI_1) Transition to
    MASTER STATE
Nov  8 20:48:49 localhost Keepalived_vrrp: VRRP_Instance(VI_1) Entering MASTER
    STATE
```

```
……                              // 省略部分信息
Nov  8 21:04:08 localhost Keepalived_vrrp: VRRP_Instance(VI_1) Received higher
    prio advert
Nov  8 21:04:08 localhost Keepalived_vrrp: VRRP_Instance(VI_1) Entering BACKUP
    STATE
Nov  8 21:04:08 localhost Keepalived_vrrp: VRRP_Instance(VI_1) removing protocol
    VIPs.
……                              // 省略部分信息
```

通过上述测试过程，可以发现双机热备已经正常。客户机只要通过 VIP 地址就可以访问服务器所提供的 Web 等应用，其中任何一台服务器失效，另一台服务器将会立即接替服务，从而实现高可用性。实际应用时，注意主、备服务器所提供的 Web 服务内容要保持相同。

11.2 LVS+Keepalived 高可用群集

Keepalived 的设计目标是构建高可用的 LVS 负载均衡群集，可以调用 ipvsadm 工具来创建虚拟服务器、管理服务器池，而不仅仅用作双机热备。使用 Keepalived 构建 LVS 群集更加简便易用，主要优势体现在：对 LVS 负载调度器实现热备切换，提高可用性；对服务器池中的节点进行健康检查，自动移除失效节点，恢复后再重新加入。

在基于 LVS+Keepalived 实现的 LVS 群集结构中，至少包括两台热备的负载调度器、三台以上的节点服务器。本节将以 DR 模式的 LVS 群集为基础，增加一台从负载调度器，使用 Keepalived 来实现主、从调度器的热备，从而构建兼有负载均衡、高可用两种能力的 LVS 网站群集平台，如图 11.3 所示。

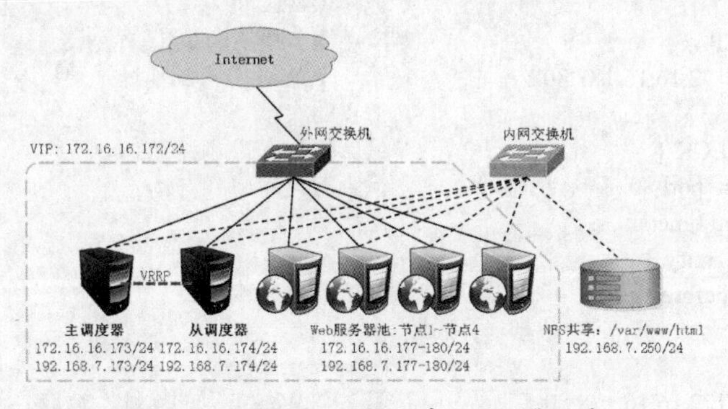

图 11.3 LVS+Keepalived 高可用群集示意

使用 Keepalived 构建 LVS 群集时，也需要用到 ipvsadm 管理工具，但大部分工作会由 Keepalived 自动完成，不需要手动执行 ipvsadm（除了查看和监控群集以外）。

1. 配置主调度器

（1）全局配置、热备配置

首先应为主、从调度器实现热备功能，漂移地址使用 LVS 群集的 VIP 地址。

```
[root@localhost ~]# vi /etc/keepalived/keepalived.conf
global_defs {
   router_id LVS_HA_R1                        // 主调度器的名称
}
vrrp_instance VI_1 {
   state MASTER                               // 主调度器的热备状态
   interface eth0
   virtual_router_id 1
   priority 100                               // 主调度器的优先级
   advert_int 1
   authentication {                           // 主、从热备认证信息
      auth_type PASS
      auth_pass 123456
   }
   virtual_ipaddress {                        // 指定群集 VIP 地址
      172.16.16.172
   }
}
```

（2）Web 服务器池配置

在 Keepalived 的热备配置基础上，添加“virtual_server VIP 端口 { ... }”区段来配置虚拟服务器，主要包括对负载调度算法、群集工作模式、健康检查间隔、真实服务器地址等参数的设置。

```
[root@localhost ~]# vi /etc/keepalived/keepalived.conf
......                                        // 省略部分信息
virtual_server 172.16.16.172 80 {             // 虚拟服务器地址（VIP）、端口
   delay_loop 15                              // 健康检查的间隔时间（秒）
   lb_algo rr                                 // 轮询（rr）调度算法
   lb_kind DR                                 // 直接路由（DR）群集工作模式
   !persistence 60                            // 连接保持时间（秒），若启用请去掉！号
   protocol TCP                               // 应用服务采用的是 TCP 协议
   real_server 172.16.16.177 80 {             // 第一个 Web 节点的地址、端口
      weight 1                                // 节点的权重
      TCP_CHECK {                             // 健康检查方式
         connect_port 80                      // 检查的目标端口
         connect_timeout 3                    // 连接超时（秒）
         nb_get_retry 3                       // 重试次数
         delay_before_retry 4                 // 重试间隔（秒）
      }
   }
   real_server 172.16.16.178 80 {             // 第二个 Web 节点的地址、端口
      ......                                  // 省略部分信息
   }
   real_server 172.16.16.179 80 {             // 第三个 Web 节点的地址、端口
      ......                                  // 省略部分信息
   }
   real_server 172.16.16.180 80 {             // 第四个 Web 节点的地址、端口
      ......                                  // 省略部分信息
   }
}
```

（3）重新启动 Keepalived 服务

```
[root@localhost ~]# service keepalived restart
```

2. 配置从调度器

从调度器的配置与主调度器基本相同，也包括全局配置、热备配置、服务器池配置，只需要调整 router_id、state、priority 参数即可，其余内容完全相同。配置完成以后重启 Keepalived 服务。

```
[root@localhost ~]# vi /etc/keepalived/keepalived.conf
global_defs {
  router_id LVS_HA_R2                          // 从调度器的名称
}
vrrp_instance VI_1 {
  state BACKUP                                 // 从调度器的热备状态
  priority 100                                 // 从调度器的优先级
  ……                                           // 省略部分信息
}
virtual_server 172.16.16.172 80 {
  ……                                           // 省略部分信息
}
[root@localhost ~]# service keepalived restart
```

3. 配置 Web 节点服务器

根据所选择的群集工作模式不同（DR 或 NAT），节点服务器的配置也有些差异。以 DR 模式为例，除了需要调整 /proc 系统的 ARP 响应参数以外，还需要为虚拟接口 lo:0 配置 VIP 地址，并添加一条到 VIP 的本地路由，这里不再详述。

4. 测试 LVS+Keepalived 高可用群集

在客户机的浏览器中，能够通过 LVS+Keepalived 群集的 VIP 地址（172.16.16.172）正常访问 Web 页面内容。当主、从调度器任何一个失效时，Web 站点仍然可以访问（可能需要刷新或者重新打开浏览器）；只要服务器池有两台及以上的真实服务器可用，就可以实现访问量的负载均衡。

通过主、从调度器的 /var/log/messages 日志文件，可以跟踪故障切换过程；若要查看负载分配情况，可以执行“ipvsadm -ln”“ipvsadm -lnc”等操作命令，最终可以验证 LVS+Keepalived 高可用负载均衡群集的健壮性。

本章总结

- Keepalived 主要针对 LVS 群集应用而设计，提供故障切换和健康检查功能。在非 LVS 群集环境中，也可用来实现多机热备功能。
- Keepalived 的配置文件为 keepalived.conf，主、备服务器的配置区别主要在于路由器名称、热备状态、优先级。

- 漂移地址（VIP）由 Keepalived 根据热备状态自动指定，不需要手动设置。LVS 群集的服务器池在 keepalived.conf 文件中预先配置，不需要手动执行 ipvsadm 工具。
- 通过 LVS+Keepalived 的结合使用，可以实现服务器的高可用负载均衡群集。

本章作业

1. 简述 Keepalived 的主要功能、应用场合。
2. 使用 Keepalived 实现双机热备时，主、备服务器的配置存在哪些区别？
3. 构建 LVS+Keepalived 高可用群集时，如何缩短故障中断时间？
4. 参考 Keepalived 的原始配置文件，实现邮件通知功能，当 Web 节点检测失败时能够给用户 root 发送一封告警邮件。
5. 基于 CentOS 7.3 构建 LVS+Keepalived 高可用群集。
6. 用课工场 APP 扫一扫完成在线测试，快来挑战吧！

第12章

使用 Haproxy 搭建 Web 群集

技能目标

- 熟悉 Haproxy 功能及常用群集调度算法
- 学会 Haproxy 常用配置
- 学会 Haproxy 的 ACL 规则
- 学会 Haproxy 高可用配置
- 知识服务

本章导读

在前面已经学习了使用 Nginx、LVS 做负载均衡群集，它们都具有各自的特点，本章将要介绍另一款比较流行的群集调度工具 Haproxy。首先介绍负载均衡常用调度算法，然后介绍 Haproxy 搭建 Web 群集的案例环境，接下来重点介绍 Haproxy 搭建 Web 群集的配置，最后介绍了 Haproxy 的 ACL 规则及高可用配置。

APP 扫码看视频

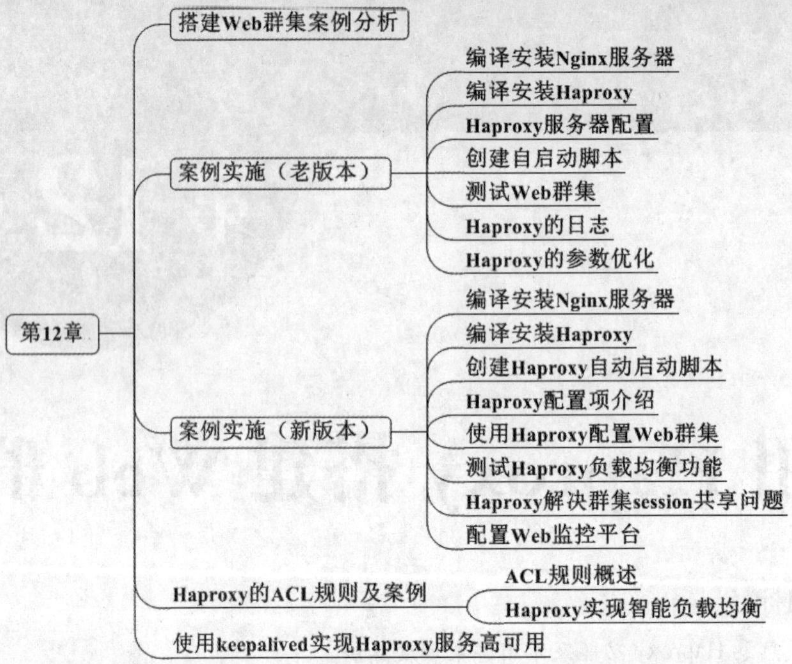

- 第12章
  - 搭建Web群集案例分析
  - 案例实施（老版本）
    - 编译安装Nginx服务器
    - 编译安装Haproxy
    - Haproxy服务器配置
    - 创建自启动脚本
    - 测试Web群集
    - Haproxy的日志
    - Haproxy的参数优化
  - 案例实施（新版本）
    - 编译安装Nginx服务器
    - 编译安装Haproxy
    - 创建Haproxy自动启动脚本
    - Haproxy配置项介绍
    - 使用Haproxy配置Web群集
    - 测试Haproxy负载均衡功能
    - Haproxy解决群集session共享问题
    - 配置Web监控平台
  - Haproxy的ACL规则及案例
    - ACL规则概述
    - Haproxy实现智能负载均衡
  - 使用keepalived实现Haproxy服务高可用

12.1 搭建 Web 群集案例分析

1. 案例概述

Haproxy 是目前比较流行的一种群集调度工具，同类群集调度工具有很多，如 LVS 和 Nginx。相比较而言，LVS 性能最好，但是搭建相对复杂，Nginx 的 upstream 模块支持群集功能，但是对群集节点的健康检查功能不强，性能没有 Haproxy 好。Haproxy 官方网站是 http://haproxy.1wt.eu/。

本案例介绍使用 Haproxy 及 Nginx 搭建一套 Web 群集。

2. 案例前置知识点

（1）HTTP 请求

通过 URL 访问网站使用的协议是 HTTP 协议，此类请求一般称为 HTTP 请求。HTTP 请求的方式分为 GET 方式和 POST 方式。当使用浏览器访问某一个 URL，会根据请求 URL 返回状态码，通常正常的状态码为 2××、3××（如 200、301），如果出现异常会返回 4××、5××（如 400、500）。

例如，访问 http://www.test.com/a.php?Id=123，就是一个 GET 请求，如果访问正常，会从服务器的日志中获取 200 状态码。假如此请求使用 POST 方式，那么传递给 a.php 的 Id 参数依旧是 123，但是浏览器的 URL 将不会显示后面的 Id=123 字样，因此表单类或者有用户名、密码等内容提交时建议使用 POST 方式。不管使用哪种方式，最终 a.php 获取的值是一样的。

（2）负载均衡常用调度算法

LVS、Haproxy、Nginx 最常用的调度算法有三种，如下所述。

① RR（Round Robin）。RR 算法是最简单最常用的一种算法，即轮询调度。例如，有三个节点 A、B、C，第一个用户访问会被指派到节点 A，第二个用户访问会被指派到节点 B，第三个用户访问会被指派到节点 C，第四个用户访问继续指派到节点 A，轮询分配访问请求来实现负载均衡效果。此算法还有一种加权轮询，即根据每个节点的权重轮询分配访问请求。

② LC（Least Connections）。LC 算法即最小连接数算法，即根据后端的节点连接数大小动态分配前端请求。例如，有三个节点 A、B、C，各节点的连接数分别为 A:4、B:5、C:6，此时如果有第一个用户连接请求，会被指派到 A 上，连接数变为 A:5、B:5、C:6；第二个用户请求会继续分配到 A 上，连接数变为 A:6、B:5、C:6；再有新的请求会分配给 B，每次将新的请求指派给连接数最小的客户端。但由于实际情况下 A、B、C 的连接数会动态释放，很难会出现连接数一样的情况，因此 LC 算法相比较 RR 算法有很大改进，是目前用得比较多的一种算法。

③ SH（Source Hashing）。SH 即基于来源访问调度算法，此算法用于一些有 Session 会话记录在服务器端的场景，可以基于来源的 IP、Cookie 等做群集调度。例如，使用基于源 IP 的群集调度算法，有三个节点 A、B、C，第一个用户第一次访问被指派到了 A，第二个用户第一次访问被指派到了 B，当第一个用户第二次访问时会被继续指派到 A，第二个用户第二次访问时依旧会被指派到 B，只要负载均衡调度器不重启，第一个用户访问都会被指派到 A，第二个用户访问都会被指派到 B，实现群集的调度。此调度算法的好处是实现会话保持，但某些 IP 访问量非常大时会引起负载不均衡，部分节点访问量超大，影响业务使用。

（3）常见的 Web 群集调度器

目前常见的 Web 群集调度器分为软件和硬件两类，软件通常使用开源的 LVS、Haproxy、Nginx，硬件一般使用比较多的是 F5，也有很多人使用国内的一些产品，如梭子鱼、绿盟等。

3. 案例环境

本案例使用三台服务器模拟搭建一套 Web 群集，具体的拓扑如图 12.1 所示。

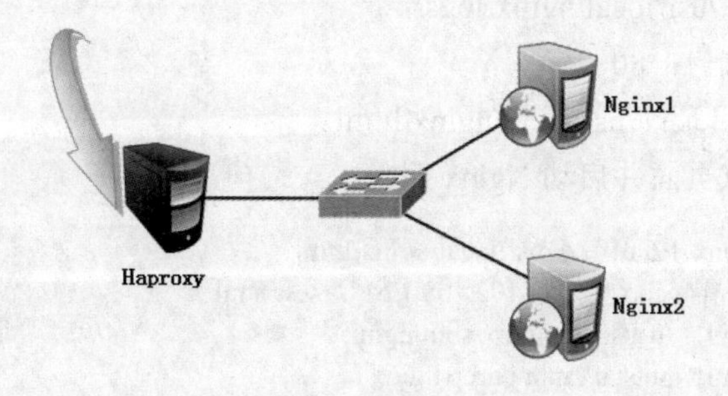

图 12.1 Haproxy 群集拓扑

注意

这里的服务器是托管在机房 IDC 中，公网访问使用的是防火墙 NAT 映射的公网 IP，因此服务器端只需要配置一个内网 IP 即可。如果没有防火墙映射，建议在服务器端配置双网卡双 IP，公网请求访问公网 IP 的网卡，Haproxy 与各个节点间通信则使用内网网卡。

12.2 案例实施（老版本）

案例环境如表 12-1 所示。

表 12-1　案例环境

主机	操作系统	IP 地址	主要软件
Haproxy 服务器	CentOS 6.5 x86_64	192.168.1.60	haproxy-1.4.24.tar.gz
Nginx 服务器 1	CentOS 6.5 x86_64	192.168.1.61	nginx-1.6.0.tar.gz
Nginx 服务器 2	CentOS 6.5 x86_64	192.168.1.62	nginx-1.6.0.tar.gz
客户端	Windows	192.168.1.66	IE 浏览器

1. 编译安装 Nginx 服务器

（1）首先搭建 Nginx1，使用 nginx-1.6.0.tar.gz 安装包进行编译安装。

```
[root@localhost ~]# yum -y install pcre-devel zlib-devel
[root@localhost ~]# useradd -M -s /sbin/nologin nginx
[root@localhost ~]# tar xf nginx-1.6.0.tar.gz
[root@localhost ~]# cd nginx-1.6.0
[root@localhost nginx-1.6.0]# ./configure --prefix=/usr/local/nginx --user=nginx
    --group=nginx
[root@localhost nginx-1.6.0]# make && make install
```

安装完后的默认信息如下。

- 默认安装目录：/usr/local/nginx。
- 默认日志：/usr/local/nginx/logs/。
- 默认监听端口：80。
- 默认 Web 目录：/usr/local/nginx/html。

接下来设置测试页面并启动 Nginx 服务。

```
[root@localhost nginx-1.6.0]# cd /usr/local/nginx/html
[root@localhost html]# echo "Server 192.168.1.61" > test.html          // 建立测试页面
[root@localhost html]# /usr/local/nginx/sbin/nginx                     // 启动 Nginx
[root@localhost html]# netstat -anpt | grep nginx
tcp        0      0 0.0.0.0:80                0.0.0.0:*             LISTEN
```

```
    3427/nginx
[root@localhost html]# service iptables stop
```

为了方便实验，网站没有配置域名，而是直接使用 IP 地址。在客户端访问 http://192.168.1.61/test.html 进行测试，如图 12.2 所示。

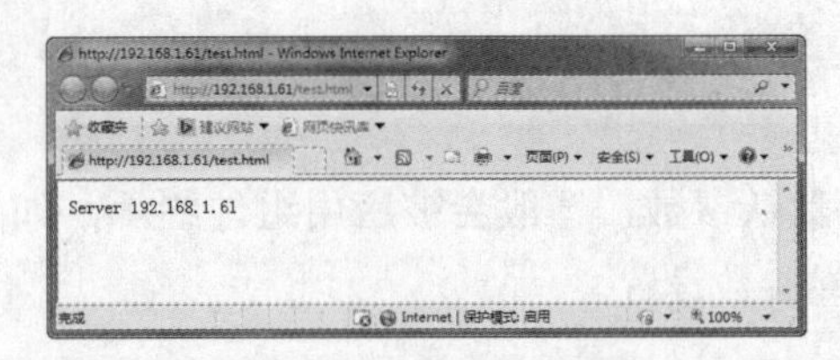

图 12.2　测试访问 Nginx1

（2）搭建 Nginx2。

编译安装的步骤与 Nginx1 相同，不同之处在于建立测试页面。

```
[root@localhost html]# echo "Server 192.168.1.62" > test.html
```

安装完成后，在客户端访问 http://192.168.1.62/test.html 进行测试，如图 12.3 所示。

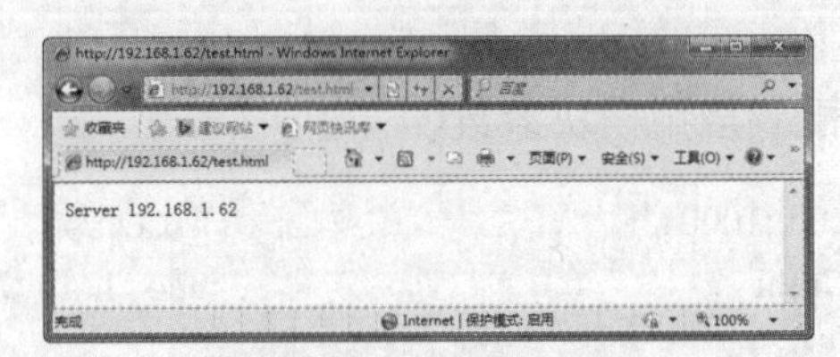

图 12.3　测试访问 Nginx2

2. 编译安装 Haproxy

使用 haproxy-1.4.24.tar.gz 安装包进行编译安装。

```
[root@localhost ~]# yum -y install pcre-devel bzip2-devel
[root@localhost ~]# tar xf haproxy-1.4.24.tar.gz
[root@localhost ~]# cd haproxy-1.4.24
[root@localhost haproxy-1.4.24]# make TARGET=linux26       //64 位系统
[root@localhost haproxy-1.4.24]# make install
```

3. Haproxy 服务器配置

（1）建立 Haproxy 的配置文件。

```
[root@localhost haproxy-1.4.24]# mkdir /etc/haproxy               //创建配置文件目录
[root@localhost haproxy-1.4.24]# cp examples/haproxy.cfg /etc/haproxy/
                                    //将 haproxy.cfg 文件复制到配置文件目录
```

（2）Haproxy 配置项介绍。

Haproxy 配置文件通常分为三个部分，即 global、defaults 和 listen。global 为全局配置，defaults 为默认配置，listen 为应用组件配置。

global 配置项通常有以下配置参数，以示例参数说明如下。

```
global
  log 127.0.0.1   local0          //配置日志记录，local0 为日志设备，默认存放到系统日志
  log 127.0.0.1   local1 notice   //notice 为日志级别，通常有 24 个级别
  maxconn 4096                    // 最大连接数
  uid 99                          // 用户 uid
  gid 99                          // 用户 gid
```

defaults 配置项配置默认参数，一般会被应用组件继承，如果在应用组件中没有特别声明，将安装默认配置参数设置。

```
defaults
  log     global           // 定义日志为 global 配置中的日志定义
  mode    http             // 模式为 http
  option  httplog          // 采用 http 日志格式记录日志
  retries 3                // 检查节点服务器失败次数，连续达到三次失败，则认为节点不可用
  maxconn 2000             // 最大连接数
  contimeout    5000       // 连接超时时间
  clitimeout    50000      // 客户端超时时间
  srvtimeout    50000      // 服务器超时时间
```

listen 配置项一般为配置应用模块参数。

```
listen  appli4-backup 0.0.0.0:10004          // 定义一个 appli4-backup 的应用
  option  httpchk /index.html                // 检查服务器的 index.html 文件
  option  persist                            // 强制将请求发送到已经 down 掉的服务器
  balance roundrobin                         // 负载均衡调度算法使用轮询算法
  server  inst1 192.168.114.56:80 check inter 2000 fall 3          // 定义在线节点
  server  inst2 192.168.114.56:81 check inter 2000 fall 3 backup   // 定义备份节点
```

（3）根据目前的群集设计，将 haproxy.cfg 配置文件的内容修改如下。

```
global
    log 127.0.0.1       local0
    log 127.0.0.1       local1 notice
    #log loghost        local0 info
    maxconn 4096
    uid 99
    gid 99
    daemon
    #debug
    #quiet

defaults
    log       global
    mode      http
    option    httplog
    option    dontlognull
```

```
    retries     3
    maxconn 2000
    contimeout          5000
    clitimeout          50000
    srvtimeout          50000

listen          webcluster 0.0.0.0:80
        option httpchk GET /index.html
        balance         roundrobin
        server          inst1 192.168.1.61:80 check inter 2000 fall 3
        server          inst2 192.168.1.62:80 check inter 2000 fall 3
```

4. 创建自启动脚本

```
[root@localhost haproxy]# cp ~/haproxy-1.4.24/examples/haproxy.init /etc/
    init.d/haproxy
[root@localhost haproxy]# ln -s /usr/local/sbin/haproxy /usr/sbin/haproxy
[root@localhost haproxy]# /etc/init.d/haproxy start
Starting haproxy:                                    [ 确定 ]
[root@localhost haproxy]# service iptables stop
```

5. 测试 Web 群集

通过上面的步骤，已经搭建完成 Haproxy 的 Web 群集，接下来需要验证群集是否工作正常。一个群集一般需要具备两个特性，第一个是高性能，第二个是高可用。

（1）测试高性能

在客户端使用浏览器打开 http://192.168.1.60/test.html，浏览器显示信息如图 12.4 所示。

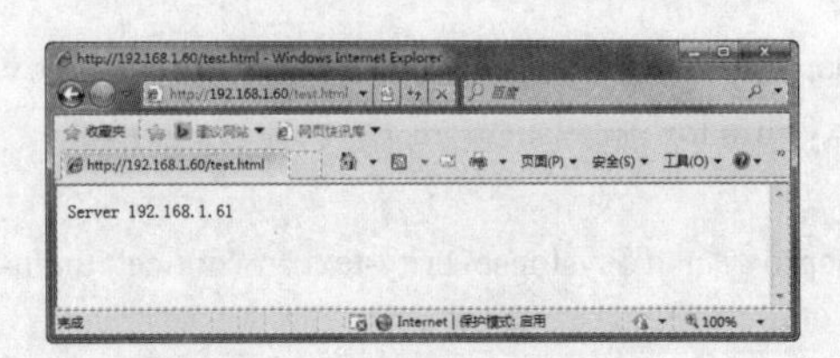

图 12.4　第一次访问的显示信息

再次打开一个新的浏览器页面访问 http://192.168.1.60/test.html，浏览器显示信息如图 12.5 所示。

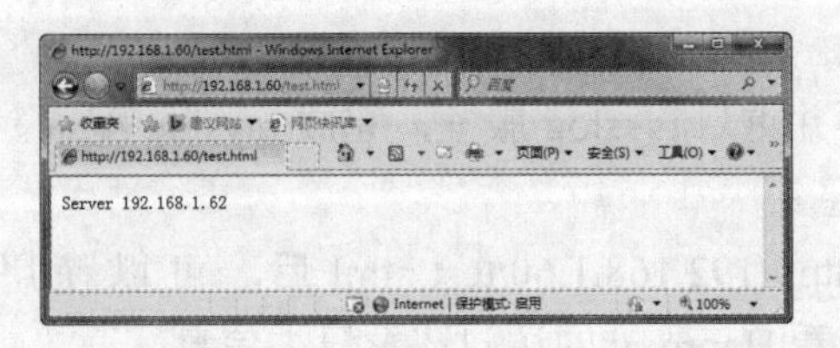

图 12.5　第二次访问的显示信息

可以看到群集的负载均衡调度已经生效，满足了群集的高性能需求。

（2）测试高可用

现在将 192.168.1.62 的 Nginx 服务停用，在客户端使用浏览器打开 http://192.168.1.60/test.html，浏览器显示信息仍然如图 12.4 所示。

从中可以看出，当一台节点出现故障，不会影响群集的使用，这样就满足了群集的高可用性。也可以将 192.168.1.62 的 Nginx 服务恢复，再将 192.168.1.61 的 Nginx 服务停用，测试高可用性。

6. Haproxy 的日志

Haproxy 的日志默认输出到系统的 syslog 中，查看起来不是很方便，为了更好地管理 Haproxy 的日志，我们在生产环境中一般单独定义出来，定义的方法如下所述。

（1）修改 Haproxy 配置文件中关于日志配置的选项，加入下面的配置：

```
log /dev/log local0 info
log /dev/log local0 notice
```

将这两行配置放到 Haproxy 的 global 配置项目中，主要是将 Haproxy 的 info 及 notice 日志分别记录到不同的日志文件中。

然后重启 Haproxy，完成 Haproxy 配置。

（2）修改 rsyslog 配置。

为了便于管理，将 Haproxy 相关的配置独立定义到 haproxy.conf，并放到 /etc/rsyslog.d/ 下，rsyslog 启动时会自动加载此目录下的所有配置文件。

```
[root@localhost ~]# touch /etc/rsyslog.d/haproxy.conf
[root@localhost ~]# vim /etc/rsyslog.d/haproxy.conf
```

加入下面的内容：

```
if ($programname == 'haproxy' and $syslogseverity-text == 'info') then -/var/
    log/haproxy/haproxy-info.log
& ~
if ($programname == 'haproxy' and $syslogseverity-text == 'notice') then -/var/log/haproxy/haproxy-
notice.log
& ~
```

这部分配置是将 Haproxy 的 info 日志记录到 /var/log/haproxy/haproxy-info.log 下，将 notice 日志记录到 /var/log/haproxy/haproxy-notice.log 下，其中“& ~”表示当日志写入到日志文件后，rsyslog 停止处理这个信息。这里配置的语法是使用 rainerscript 脚本语言写的。

然后保存配置文件并重启 rsyslog 服务，完成 rsyslog 配置。

（3）测试日志信息。

在客户端访问 http://192.168.1.60/test.html 后，可以使用 tail -f /var/log/haproxy/haproxy-info.log 即时查看 Haproxy 的访问请求日志信息。

```
[root@localhost ~]# tail -f /var/log/haproxy/haproxy-info.log
Jul 26 03:13:46 localhost haproxy[1803]: 192.168.1.2:49199 [26/Jul/2014:03:
    13:36.270] webcluster webcluster/inst1 2/0/1/1/ 10673 200 255 - - CD-- 0/0/0/0/0
    0/0 "GET /test.html HTTP/1.1"
```

7. Haproxy 的参数优化

关于 Haproxy 的参数优化，以下列举了几个关键的参数，并对各参数在生产环境的优化建议做了说明，如表 12-2 所示。

表 12-2　Haproxy 参数优化

参数	参数说明	优化建议
maxconn	最大连接数	此参数根据应用的实际使用情况进行调整，推荐使用 10 240
daemon	守护进程模式	Haproxy 可以使用非守护进程模式启动，生产环境建议使用守护进程模式启动
nbproc	负载均衡的并发进程数	建议与当前服务器 CPU 核数相等或为其 2 倍
retries	重试次数	此参数主要用于对群集节点的检查，如果节点多且并发量大，设置为 2 次或 3 次；而在服务器节点不多的情况下，可以设置为 5 次或 6 次
option http-server-close	主动关闭 http 请求选项	建议在生产环境中使用此选项，避免由于 timeout 时间设置过长导致 http 连接堆积
timeout http-keep-alive	长连接超时时间	此选项设置长连接超时时间，具体可参考应用自身特点设置，可以设置为 10s
timeout http-request	http 请求超时时间	建议将此时间设置为 5 ～ 10s，增加 http 连接释放速度
timeout client	客户端超时时间	如果访问量过大，节点响应慢，可以将此时间设置短一些，建议设置为 1min 左右就可以了

12.3 案例实施（新版本）

案例环境如表 12-3 所示。

表 12-3　案例环境

主机	操作系统	IP 地址	主要软件
Haproxy 服务器	CentOS 7.3 x86_64	192.168.1.60	haproxy-1.7.2.tar.gz
Nginx 服务器 1	CentOS 7.3 x86_64	192.168.1.61	nginx-1.10.3.tar.gz
Nginx 服务器 2	CentOS 7.3 x86_64	192.168.1.62	nginx-1.10.3.tar.gz
客户端	Windows	192.168.1.1	IE 浏览器

新版本采用 Haproxy 1.7.2，它与 1.4 的差别如下：

配置文件由原来的 global、defaults、listen 三部分改为由 global、defaults、listen、frontend、backend 五部分组成，增加原生 SSL 支持、可定义 ACL 控制，根据不同策略由不同后端服务器做响应。

1. 编译安装 Nginx 服务器

（1）搭建 Nginx1

使用 nginx-1.10.3.tar.gz 安装包进行编译安装。

```
[root@nginx1 ~]# yum -y install pcre-devel zlib-devel gcc
[root@nginx1 ~]# useradd -M -s /sbin/nologin nginx
[root@nginx1 ~]# tar zxvf nginx-1.10.3.tar.gz
[root@nginx1 ~]# cd nginx-1.10.3
[root@nginx1 nginx-1.10.3]# ./configure --prefix=/usr/local/nginx --user=nginx  --group=nginx
[root@nginx1 nginx-1.10.3]# make && make install
```

安装完后的默认信息如下。

- 默认安装目录：/usr/local/nginx
- 默认日志：/usr/local/nginx/logs/
- 默认监听端口：80
- 默认 Web 目录：/usr/local/nginx/html

接下来设置测试页面并启动 Nginx 服务。

```
[root@nginx1 nginx-1.10.3]# cd /usr/local/nginx/html
[root@nginx1 html]# echo "Server 192.168.1.61" > test.html
[root@nginx1 html]# /usr/local/nginx/sbin/nginx
[root@nginx1 html]# netstat -anpt | grep nginx
tcp     0     0 0.0.0.0:80          0.0.0.0:*          LISTEN      3427/nginx
[root@nginx1 html]# systemctl stop firewalld
[root@nginx1 html]# systemctl disable firewalld
```

为了方便实验，网站没有配置域名，直接使用 IP 地址。在客户端访问 http://192.168.1.61/test.html 测试正常。

（2）搭建 Nginx2

编译安装的步骤与 Nginx1 相同，不同之处在于建立测试页面。

```
[root@nginx2 html]# echo "Server 192.168.1.62" > test.html
```

安装完成后，在客户端访问 http://192.168.1.62/test.html 测试正常。

2. 编译安装 Haproxy

使用 haproxy-1.7.2.tar.gz 安装包进行编译安装。

```
[root@localhost ~]# yum -y install pcre-devel bzip2-devel gcc
[root@localhost ~]# tar xf haproxy-1.7.2.tar.gz
[root@localhost ~]# cd haproxy-1.7.2
```

```
[root@localhost haproxy-1.7.2]# make TARGET=linux26 PREFIX=/usr/local/haproxy  //64 位系统
[root@localhost haproxy-1.7.2]# make install PREFIX=/usr/local/haproxy
```

3. 创建 Haproxy 自启动脚本

安装完成 Haproxy 后启动命令为 /usr/local/haproxy/sbin/haproxy，可以使用 -f 指定 Haproxy 配置文件（默认不存在）来启动 Haproxy 服务，为了后续更加方便地控制 Haproxy 服务，可创建 Haproxy 服务自启动脚本。

```
[root@localhost ~]# vi /etc/init.d/haproxy
#!/bin/bash
 #
 # haproxy
 #
 # description: HAProxy is a free, very fast and reliable solution \
 # offering high availability, load balancing, and \
 # proxying for TCP and HTTP-based applications
 # processname: haproxy
 # config: /etc/haproxy/haproxy.cfg
 # pidfile: /var/run/haproxy.pid

# Source function library.
 . /etc/rc.d/init.d/functions

# Source networking configuration.
 . /etc/sysconfig/network

# Check that networking is up.
 [ "$NETWORKING" = "no" ] && exit 0

config="/etc/haproxy/haproxy.cfg"
 exec="/usr/local/haproxy/sbin/haproxy"
 prog=$(basename $exec)

[ -e /etc/sysconfig/$prog ] && . /etc/sysconfig/$prog

lockfile=/var/lock/subsys/haproxy

check() {
    $exec -c -V -f $config
 }

start() {
    $exec -c -q -f $config
    if [ $? -ne 0 ]; then
       echo "Errors in configuration file, check with $prog check."
       return 1
    fi

    echo -n $"Starting $prog: "
```

```
    # start it up here, usually something like "daemon $exec"
    daemon $exec -D -f $config -p /var/run/$prog.pid
    retval=$?
    echo
    [ $retval -eq 0 ] && touch $lockfile
    return $retval
}

stop() {
    echo -n $"Stopping $prog: "
    # stop it here, often "killproc $prog"
    killproc $prog
    retval=$?
    echo
    [ $retval -eq 0 ] && rm -f $lockfile
    return $retval
}

restart() {
    $exec -c -q -f $config
        return 1
    fi
    stop
    start
}

reload() {
    $exec -c -q -f $config
    if [ $? -ne 0 ]; then
        echo "Errors in configuration file, check with $prog check."
        return 1
    fi
    echo -n $"Reloading $prog: "
    retval=$?
    echo
    return $retval
}

force_reload() {
    restart
}

fdr_status() {
    status $prog
}

case "$1" in
    start|stop|restart|reload)
    force-reload)
        force_reload
```

```
        ;;
    checkconfig)
        check
        ;;
    status)
        fdr_status
        ;;
    condrestart|try-restart)
      [ ! -f $lockfile ] || restart
    ;;
    *)
        echo $"Usage: $0 {start|stop|status|checkconfig|restart|try-restart|reload|force-reload}"
        exit 2
esac
[root@localhost ~]# chmod +x /etc/init.d/haproxy
[root@localhost ~]# ln -s /usr/local/sbin/haproxy /usr/sbin/haproxy
```

将 Haproxy 服务添加为系统服务，并且设置为开机自动启动。在 CentOS 7.0 以上的操作系统中，已经将服务的控制权交由 systemd 管理，所以是使用 systemctl 命令来统一管理系统服务的，以下是将 Haproxy 添加为 systemd 标准服务。

```
[root@localhost ~]# vim /lib/systemd/system/haproxy.service
[Unit]                                         // 服务的说明
Description=haproxy                            // 服务描述
After=network.target                           // 描述服务类别

[Service]                                      // 服务运行参数设置
Type=forking                                   // 后台运行形式
ExecStart=/etc/init.d/haproxy start            // 运行服务命令
ExecReload=/etc/init.d/haproxy restart         // 重启服务命令
ExecStop=/etc/init.d/haproxy  stop             // 停止服务命令
PrivateTmp=true                                // 给服务分配独立的临时空间

[Install]                                      // 服务安装的相关设置
WantedBy=multi-user.target                     // 设置为多用户

[root@localhost ~]# chmod 754 /lib/systemd/system/haproxy.service
[root@localhost ~]# systemctl enable haproxy.service
```

这样 Haproxy 的安装与设置自启动脚本就完成了。

4．Haproxy 配置项介绍

Haproxy 配置文件根据功能和用途通常分为五个部分，即 global、defaults、listen、frontend 和 backend。但有些部分不是必需的，可以根据需要进行选择配置。

（1）global 配置

为设定的全局配置部分。属于进程级别的配置，通常和使用的操作系统配置相关。配置示例如下：

```
global
```

```
  log 127.0.0.1   local0  notice
  pidfile  /var/run/haproxy.pid
  maxconn 20000
  user nobody
  user nobody
  nbproc   1
daemon
```

选项含义如下：

- log：配置全局日志记录，local0 为日志设备，默认存放到系统日志，notice 为输出的日志级别。表示使用本地（127.0.0.1）机器上的 rsyslog 服务中的 local0 设备记录日志等级为 notice 的日志。
- pidfile：指定 haproxy 进程的 PID 文件，启动进程的用户需要有访问此文件的相关权限。
- maxconn：每个 haproxy 进程可以接收的最大并发连接数，等同于 Linux 下的 ulimit -n 命令。
- user/group：运行 haproxy 进程的用户和组，也可以使用 uid 和 gid 选项来指定用户 ID 和组 ID 号来代替。
- nbproc：设置 haproxy 的负载均衡的并发进程数。
- daemon：设置 haproxy 进程使用后台模式即守护进程方式运行，是推荐的运行模式。

（2）defaults 配置

为缺省默认配置部分。这些设置参数属于公共配置，一般会被自动继承到 listen、frontend 和 backend 中，如果没有在这几部分特别声明，将按默认配置参数设置。

```
defaults
  log     global
  mode    http
  retries 3
  timeout connect      5000
  timeout client      50000
  timeout server      50000
  option  httplog
  option  forwardfor
  option dontlognull
  option  httpclose
```

选项含义如下：

- log：缺省日志配置，定义日志为 global 配置中定义的日志记录方式。
- mode：设置 Haproxy 默认运行模式，有 tcp、http 和 health 三种模式。tcp 模式下客户端和服务端之间会建立全双工的连接，常用于 SSL\SSH\SMTP 等应用，也是这里的默认模式；http 模式下客户端请求在转发到后端服务器之前会进行分析，会把不兼容 RFC 格式的请求拒绝；health 模式已经废弃不用。

- retries：检查节点服务器失败次数，连续达到该失败次数则认为节点不可用。
- timeout connect：连接超时时间，连接到一台服务器的最长等待时间，单位为毫秒。
- timeout client：客户端超时时间，连接客户端发送数据时的最长等待时间，单位为毫秒。
- timeout server：服务器超时时间，服务端回应客户端数据发送的最长等待时间，单位为毫秒。
- option httplog：表示采用 http 日志格式进行日志的记录，默认不记录 http 请求日志。
- option forwardfor：表示后端服务器日志中可获得并记录客户端的源 IP 地址信息。
- option dontlognull 启用该项，日志中将不会记录空连接。
- option httpclose 表示客户端和服务端请求完毕后主动关闭 http 通道。

（3）listen 配置

为应用组件配置部分，属于 frontend 和 backend 的结合体，在之前老版本中所有的配置都在这一部分完成。为了保证配置的兼容性，这一部分被保留使用，也可以不添加此部分的设置，非必需。

配置示例：

```
listen stats
    bind 0.0.0.0:8080
    stats uri /stats
    stats refresh 30s
    stats realm Haproxy Manager
    stats auth admin:admin
    stats hide-version
    stats admin if TRUE
```

这部分通过 listen 关键字，定义了一个名为“stats”的 Haproxy 监控页面，监听端口为 8080，指定“stats uri /stats”设置统计页面 url 为 /stats，那么可以直接访问 http://IP 地址 :8080/stats 查看 Web 监控页面。

选项含义如下：

- stats refresh：统计页面自动刷新时间。
- stats realm：统计页面密码框上显示的文本。
- stats auth：设置统计页面登录用户名和密码，用户名和密码通过冒号进行分割。
- stats hide-version：隐藏统计页面上的 Haproxy 版本信息。
- stats admin if TRUE：添加此选项可在监控页面手动启用或禁用后端真实服务器，注意仅在 Haproxy 1.4.9 之后版本有效。

（4）frontend 配置

为前端配置部分。用于设置用户接收请求的前端虚拟节点及端口，可根据 ACL 规则直接指定要使用的后端 backend 服务器。

```
frontend main
 bind *:80
 acl url_static path_beg   -i /static /images /javascript /stylesheets
 acl url_static path_end   -i .jpg .gif .png .css .js
 use_backend static if url_static
 default_backend   app
```

选项含义如下：

- frontend main：通过 frontend 关键字定义一个名为“main”的前端虚拟节点。
- bind：用于定义监听端口，语法格式为 bind [<address>:<port_range>] interface <interface>，这里“*”表示监听当前所有 IPv4 地址，与“0.0.0.0”格式含义相同。
- acl：用来设置定义 ACL 规则策略，此处设置了 url_path 匹配 .jpg、.gif、.png、.css、.js 静态文件。
- use_backend：指定符合 ACL 策略的请求所访问的后端真实服务器池。
- default_backend：指定默认的后端真实服务器池，这些服务器将会在 backend 部分定义。

（5）backend 配置

为后端服务器配置部分。此部分用于进行群集后端服务器群集的配置，即用来添加一组真实服务器处理前端用户请求。

```
backend static
   balance    roundrobin
   server      static 127.0.0.1:80 check          // 静态文件部署在本机
   backend app
   option  redispatch
   option  abortonclose
   option  httpchk GET /index.html
   option  persist                                   // 强制将请求发送到已经 down 掉的服务器
   balance roundrobin                                // 负载均衡调度算法使用轮询算法
   server  inst1 192.168.114.56:80 check inter 2000 fall 3              // 定义在线节点
   server  inst2 192.168.114.56:81 check inter 2000 fall 3 backup       // 定义备份节点
```

选项含义如下：

- backend static：通过 backend 关键字定义一个名为“static”的后端真实服务器池，使用了静态、动态分离，如果 url_path 匹配 .jpg、.gif、.png、.css、.js 静态文件，则访问此后端。定义了一个名为“app”的后端真实服务器池，用来指定默认的后端真实服务器池。
- option abortonclose：此参数可以在服务器负载很高的情况下，自动结束当前队列中处理时间比较长的连接。
- option redispatch：表示当使用了 cookie 时，Haproxy 会将其请求的后端服务器的 serverID 插入到 cookie 中，以保证会话的 SESSION 持久性。一旦后端服务器出现故障，就会将客户请求强制定向到另外一个健康的后端服务器上，以保证服务的正常运行。

- option httpchk：启用 HTTP 服务状态监测，支持后端节点的健康检查，可以将故障节点上的服务迁移至其他健康节点，从而保证服务的可用性。语法格式为：option httpchk <method> <url> <version>，其中 method 表示 http 的请求方式，常用的有 OPTIONS、GET、HEAD 几种方式；url 是要检测的 URL 地址，通过此地址获得后端服务器运行状态；version 用来指定检测时的 HTTP 版本号。这里的 option httpchk GET/index.html 表示检查服务器的 index.html 文件。
- balance：定义负载均衡算法，目前 Haproxy 常用算法包括：roundrobin（简单轮询调度）、static-rr（基于权重的调度算法）、leastconn（最小连接数算法）、source（根据请求的源 IP 地址）、url（根据请求的 URL）、url_param（根据请求的 URL 参数进行调度）、hdr(name)（根据 HTTP 请求头来锁定每一次 HTTP 请求）、rdp-cookie(name)（根据 cookie(name) 来锁定并哈希每一次 TCP 请求）。
- server：用来定义多个真实的后端服务器池，语法格式为：server <name> <address> [:port] [param]，其中 name 为服务器池指定的内部名称；address 是服务器的 IP 地址或主机名；port 指定连接请求发往真实服务器时的目标端口，未指定为客户端请求端口；param 为后端服务器设定的参数，常见的有 check（健康检查）、inter（健康检查间隔时间，单位为毫秒）、rise（从故障状态到正常状态需要成功检查的次数）、fall（从正常状态到不可用状态需要检查的次数）、weight（服务器权重）、backup（备份服务器）。

5. 使用 Haproxy 配置 Web 群集

默认 Haproxy 不创建配置文件，根据目前 Web 群集的设计，创建 Haproxy 配置文件内容如下。

```
[root@haproxy ~]# mkdir /etc/haproxy
[root@haproxy ~]# vim /etc/haproxy/haproxy.cfg
global
    maxconn      20000
    log        127.0.0.1 local0
    uid        200
    gid        200
    chroot      /usr/local/haproxy
    pidfile      /var/run/haproxy.pid
    nbproc       1
    daemon

defaults
  mode  http
  log   global
```

```
    retries     3
    timeout connect     5000
    timeout client     50000
    timeout server     50000
    option  dontlognull
    option  httpclose
    option  httplog
    option  redispatch

frontend main
    bind *:80
    default_backend   webcluster

backend webcluster
option httpchk GET /test.html
    balance    roundrobin
    server     inst1 192.168.1.61:80 check inter 2000 fall 3
    server     inst2 192.168.1.62:80 check inter 2000 fall 3
[root@haproxy ~]# systemctl start haproxy.service
```

6. 测试 Haproxy 负载均衡功能

通过上面的步骤，已经搭建完成 Haproxy 的 Web 群集，接下来需要验证群集是否工作正常。一个群集一般需要具备两个特性，第一个是高性能，第二个是高可用。

（1）测试高性能

在客户端使用浏览器打开 http://192.168.1.60/test.html，浏览器显示信息如图 12.6 所示。

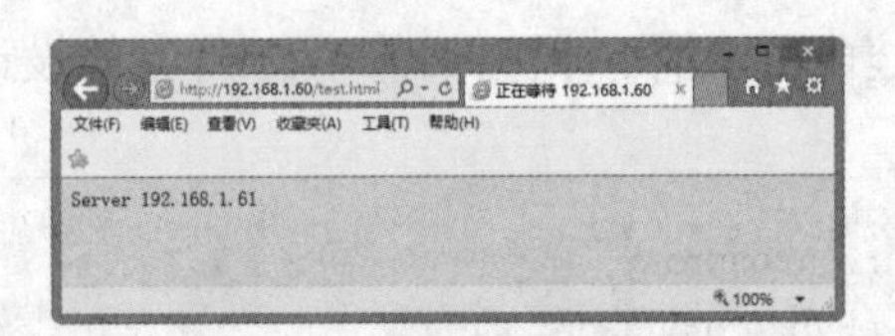

图 12.6　第一次访问的显示信息

再次打开一个新的浏览器页面访问 http://192.168.1.60/test.html，浏览器显示信息如图 12.7 所示。

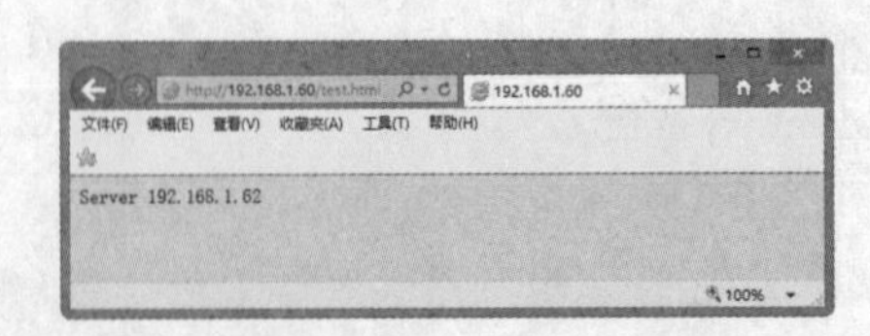

图 12.7　第二次访问的显示信息

可以看到群集的负载均衡调度已经生效，已经满足了群集的高性能需求。

（2）测试高可用

现在将 192.168.1.62 的 Nginx 服务停用，在客户端使用浏览器打开 http://192.168.1.60/test.html，浏览器显示信息仍然如图 12.6 所示。

从中可以看出，当一台节点出现故障，不会影响群集的使用，这样就满足了群集的高可用性。也可以将 192.168.1.62 的 Nginx 服务恢复，再将 192.168.1.61 的 Nginx 服务停用，测试高可用性。

7．Haproxy 解决群集 session 共享问题

用户在访问被负载均衡的代理到后端服务器时，服务器会保留用户的登录信息，但是当用户再次发送请求时，根据负载均衡策略可能会被代理到不同的服务器，导致用户需要重新进行登录，所以需要在实施负载均衡时考虑 session 共享问题。

Haproxy 使用用户 IP 识别或者 cookie 识别两种方法来保持客户端 session 一致。

（1）用户 IP 识别

配置指令：balance source

Haproxy 将用户的 IP 地址经过 Hash 计算之后指定到固定的真实服务器上。

配置示例：

```
backend webcluster
  option httpchk GET /test.html
  balance source
  server     inst1 192.168.1.61:80 check inter 2000 fall 3
  server     inst2 192.168.1.62:80 check inter 2000 fall 3
```

（2）cookie 识别

配置指令：cookie SESSION_COOKIE insert indirect nocache

Haproxy 在 Web 服务端发送给客户端的 cookie 中，插入在 Haproxy 定义的后端服务器 COOKIE ID。

配置示例：

```
backend webcluster
  option httpchk GET /test.html
  cookie SERVERID insert indirect nocache
  server    inst1 192.168.1.61:80 cookie server1 check inter 2000 fall 3
  server    inst2 192.168.1.62:80 cookie server2 check inter 2000 fall 3
```

8．配置 Web 监控平台

Haproxy 不仅实现了服务的故障转移，还推出了一个基于 Web 的监控平台，通过这个监控平台可以查看当前 Haproxy 的基本设置，以及所有后端服务器的运行状态。只需在 Haproxy 配置文件末尾添加 listen 部分，便可设置 Haproxy 自带的 Web 监控平台。

```
[root@haproxy ~]# vim /etc/haproxy/haproxy.cfg
listen stats
      bind 0.0.0.0:8080
```

```
        stats refresh 30s
        stats uri /stats
        stats realm Haproxy Manager
        stats auth admin:admin
        stats hide-version
        stats admin if TRUE
[root@haproxy ~]# systemctl restart haproxy.service
```

访问 http://192.168.1.60:8080/stats 结果如图 12.8 所示。

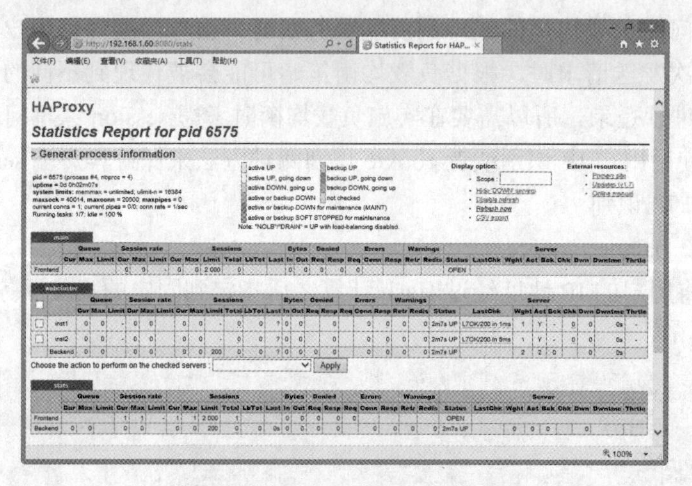

图 12.8　Haproxy 的 Web 监控平台

通过此页面可以看到所定义的三个模块，frontend 部分定义的 main、backend 部分定义的 webcluster 以及 listen 部分定义的 stats。出现故障的主机监控页面会以不同颜色给以故障信息，方便运维人员第一时间发现故障节点，从而进行维护。

12.4 Haproxy 的 ACL 规则及案例

1. ACL 规则概述

比起使用 LVS 做负载均衡，Haproxy 能提供更加强大的功能，因为 Haproxy 支持 ACL 规则，用于定义三层到七层的规则来匹配一些特殊的请求，实现基于请求报文首部、相应报文内容或者是一些其他状态信息，从而根据需要进行不同的策略转发响应。

可以通过 ACL 规则完成以下两种主要功能：

① 通过设置 ACL 规则来检查客户端请求是否符合规则，将不符合规则要求的请求直接中断。

② 符合 ACL 规则的请求由 backend 指定的后端服务器池执行基于 ACL 规则的负载均衡，不符合的可以直接中断响应，也可以交由其他服务器池执行。

Haproxy 中的 ACL 规则设置在 frontend 部分，语法：

acl 名称 方法 -i [匹配的路径或文件]

说明如下：

- acl：定义 ACL 规则的关键字，后面需设置自定义的 ACL 名称，名称区分大小写，也可以重名，这样就可以把多个测试条件设定为一个共同的 ACL。
- 方法：是用来设定实现 ACL 的方法，Haproxy 定义的 ACL 常用方法有：

hdr_beg(host)：检测请求报文首部开头部分是否匹配指定的模式

hdr_end(host)：检测请求报文首部结尾部分是否匹配指定的模式

hdr_reg(host)：正则匹配

url_sub：表示请求 url 中包含什么字符串

url_dir：表示请求 url 中存在哪些字符串作为部分地址路径

path_beg：检测请求的 URL 是否匹配路径开头

path_end：检测请求的 URL 是否匹配路径结尾

也可以根据访问的地址和端口进行规则设置：

dst：目标地址

dst_port：目标端口

src：源地址

src_prot：源端口

- -i：表示忽略大小写，后面需要跟上匹配的路径或者文件或者正则表达式，与 ACL 规则一起使用的 Haproxy 选项有 use_backend 和 default_backend，其中 use_backend 后面需要设置一个 backend 实例名称，表示在满足 ACL 规则后接收用户请求的后端 backend 服务器池是哪个；此时 default_backend 表示没有满足 ACL 条件的请求默认使用哪个后端 backend 服务器池。

下面是几个常见的 ACL 规则例子：

```
acl www_policy hdr_reg(host) –i ^(www.example.com|example.com)
acl url_policy url_sub –i buy_sid=
acl url_static path_beg       /static /images /img /css

use_backend server_www if www_policy
use_backend server_app if url_policy
use_backend server_static if url_static

default_backend  server_de
```

2. Haproxy 实现智能负载均衡

Haproxy 可以工作在七层模型下，因此可以通过设定 ACL 规则实现 Haproxy 的智能负载均衡。本案例使用一台 Haproxy 服务器，三台 Web 服务器，模拟搭建了一套 Web 群集，来进行 ACL 规则的设置，具体的拓扑如图 12.9 所示。

案例环境如表 12-4 所示。

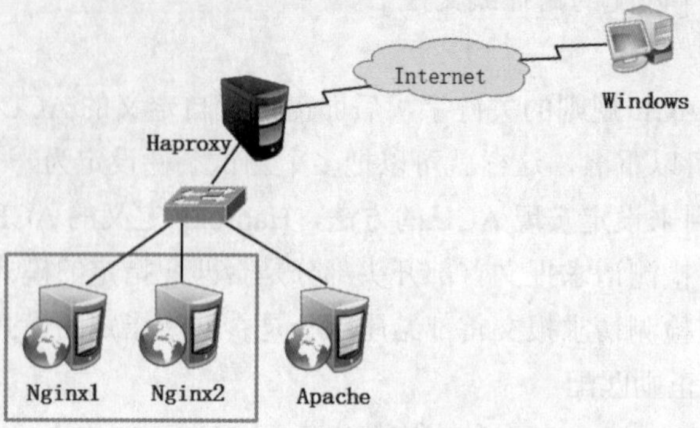

图 12.9　ACL 规则案例拓扑

表 12-4　案例环境

主机名	角色	操作系统	IP 地址	主要软件
haproxy	Haproxy 服务器	CentOS 7.3 x86_64	192.168.1.60	haproxy-1.7.2.tar.gz
nginx1	Nginx 服务器 1	CentOS 7.3 x86_64	192.168.1.61	nginx-1.10.3.tar.gz
nginx2	Nginx 服务器 2	CentOS 7.3 x86_64	192.168.1.62	nginx-1.10.3.tar.gz
apache	Apache 服务器	CentOS 7.3 x86_64	192.168.1.63	httpd-2.4.6-45.el7.centos.x86_64.rpm php-5.4.16-42.el7.x86_64.rpm
client	客户端	Windows	192.168.1.1	IE 浏览器

Haproxy 与 Nginx 的安装与配置不再赘述，这里安装 Apache 服务器环境，设置测试页面以待后续测试。

```
[root@apache ~]# echo "192.168.1.63 www.example.com" >> /etc/hosts
[root@apache ~]# yum install httpd php
[root@apache ~]# vi /etc/httpd/conf/httpd.conf
ServerName www.example.com:80                                    // 去掉注释
[root@apache ~]# systemctl start httpd
[root@apache ~]# systemctl enable httpd
[root@apache ~]#vi /var/www/html/test.php
<?php
phpinfo();
?>
[root@apache ~]# systemctl stop firewalld
```

因为环境中没有 DNS，所以需要在进行测试的 Windows 主机的 hosts 文件中添加解析记录，之后使用 http://www.example.co/test.php 进行访问测试，如图 12.10 所示。

（1）基于地址的访问控制

如果定义来源地址为 192.168.1.1 的主机访问 Web 群集则拒绝，可以添加 ACL 规则定义来源主机，使用 block 选项后面添加 if 进行判断。

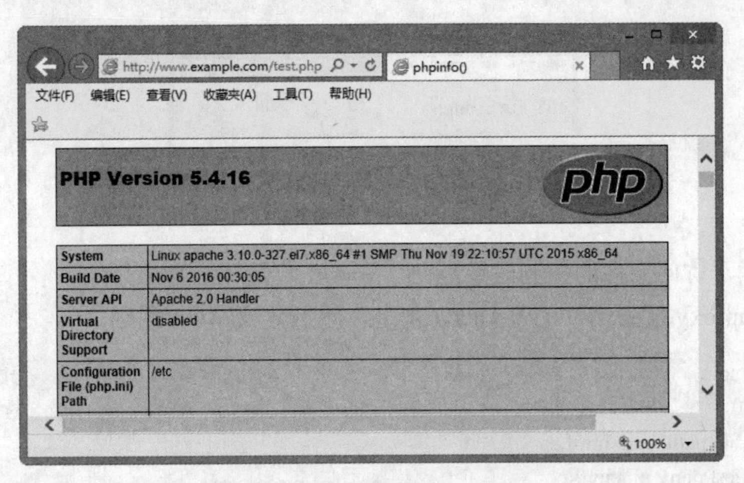

图 12.10 Apache php 测试页面

```
[root@haproxy ~]# vi /etc/haproxy/haproxy.cfg
global
        maxconn        20000
        ulimit-n       16384
        uid            200
        gid            200
        nbproc         4
        daemon

 defaults
   mode   http
   option  httpclose
   option  httplog
   option  redispatch
   timeout connect 10000
   timeout client 300000
   retries     3

 frontend main
  bind *:80
acl forbid src 192.168.1.1
   block if forbid
default_backend   webcluster

backend webcluster
  option httpchk GET /test.html
  balance    roundrobin
  server     inst1 192.168.1.61:80 check inter 2000 fall 3
  server     inst2 192.168.1.62:80 check inter 2000 fall 3
```

在 Windows 端的访问测试如图 12.11 所示。

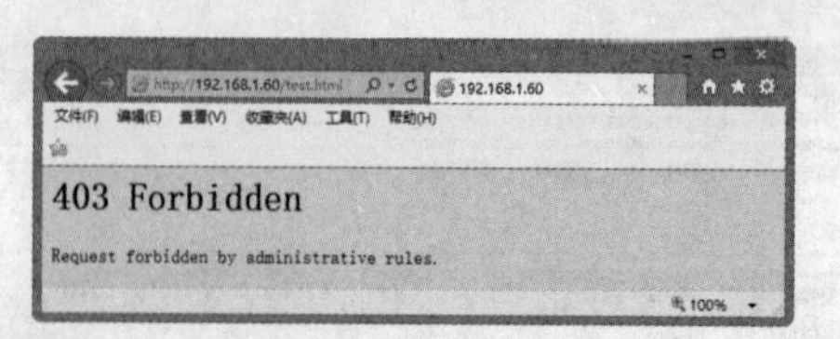

图 12.11　客户端测试页面

（2）基于访问文件的控制与重定向

修改 Haproxy 配置文件的 frontend 部分，重新定义 ACL 规则。

```
frontend main
 bind *:80
 acl denyfile path_end .html
 http-request deny if denyfile
 errorloc 403 http://www.example.com
 default_backend   webcluster
```

通过以上配置，检测如果请求的 url 请求的页面是以 .html 结尾则拒绝此次请求。检测到错误代码 403 直接跳转到 http://www.example.com。

（3）实现动静分离功能的智能负载均衡

修改 Haproxy 配置文件的 frontend 和 backend 部分，重新定义 ACL 规则，以及添加后端真实服务器。

```
frontend  main
   bind *:80
  acl usr_static  path_beg -i /static /images /img /css
  acl usr_static  path_end -i .html .jpg .png.jpeg .gif .swf .css .xml .txt .pdf
  use_backend webcluster if usr_static
  default_backend app

backend webcluster
  option httpchk GET /test.html
  balance     roundrobin
  server      inst1 192.168.1.61:80 check inter 2000 fall 3
  server      inst2 192.168.1.62:80 check inter 2000 fall 3

backend app
  option httpchk GET /test.php
  server      instr3 192.168.1.59:80 check inter 2000 fall 3
```

定义 ACL 名称为 usr_static，如果访问是匹配以后缀 .html、.jpg、.xml 等结尾的静态文件，那么直接跳转至 webcluster 这个 backend。如果访问不匹配定义的这些静态文件，那么直接跳转至默认 backend app 响应，这里也可以设置多台真实服务器组成一个服务器群集。

在 Windows 端分别访问 test.html 与 test.php 页面进行测试，如图 12.12 与图 12.13 所示。

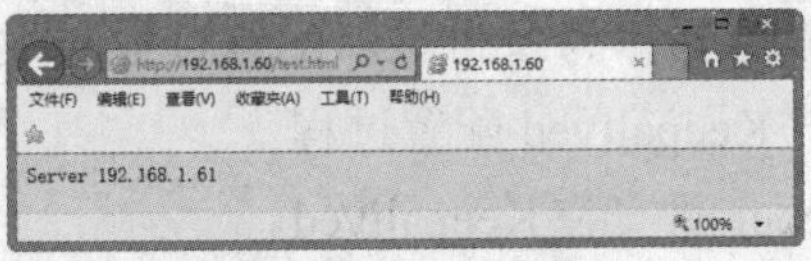

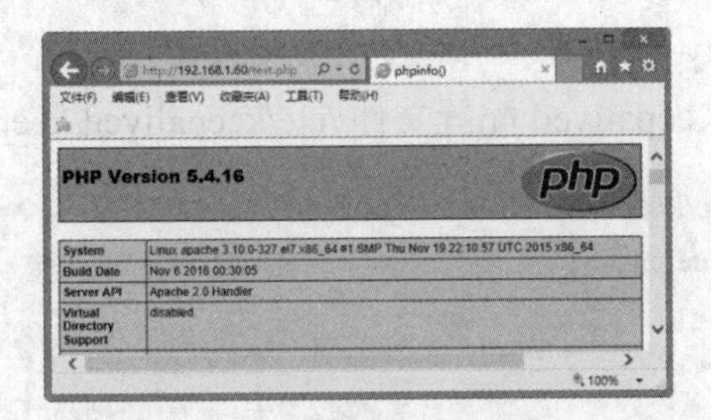

图 12.12 test.html 测试页面

图 12.13 test.php 测试页面

12.5 使用 Keepalived 实现 Haproxy 服务高可用

1. 案例概述

Keepalived 可提供虚拟路由功能以及 health-check 功能，实现双机热备高可用功能，来避免 Haproxy 单点故障问题。一台为主 Haproxy 服务器，一台为备份 Haproxy 服务器，对外表现为一个虚拟 IP。当主服务器出现故障时，备份服务器就会接管虚拟 IP，继续提供服务，从而保证了 Haproxy 服务器的高可用性。如图 12.14 所示。

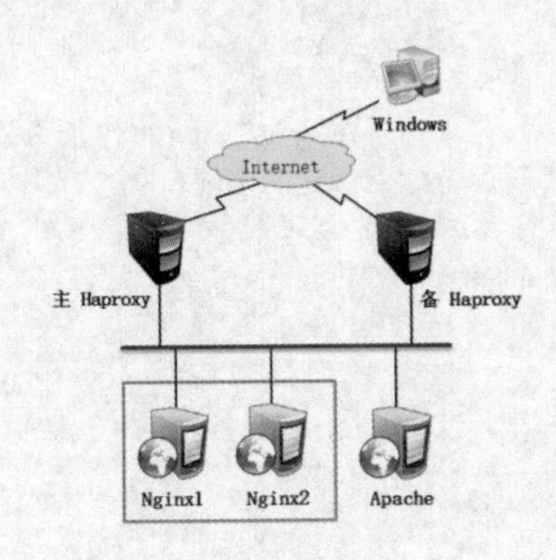

图 12.14 Haproxy +Keepalived 环境拓扑

2. 案例环境

Haproxy Keepalived 主：192.168.1.60

Haproxy Keepalived 备：192.168.1.59

Vip：192.168.1.200

添加另一台 Haproxy 服务器作为备份机，配置过程与主 Haproxy 服务器相同，这里不再介绍。下面重点给出 Keepalived 配置过程。

方便起见，直接使用 epel 源安装 Keepalived。

```
[root@haproxy ~]# yum install epel-release
[root@haproxy ~]# yum install keepalived
```

（1）配置主 Haproxy 服务器

修改主 Haproxy 的 Keepalived 配置文件 /etc/keepalived/keepalived.conf。

```
[root@haproxy ~]# vi /etc/keepalived/keepalived.conf
! Configuration File for keepalived

global_defs {
  notification_email {
   admin@example.com
  }
  notification_email_from Alexandre.Cassen@firewall.loc
  smtp_server 192.168.200.1
  smtp_connect_timeout 30
  router_id LVS_DEVEL
}

vrrp_script check_haproxy {                    // 定义 Haproxy 的检测脚本路径
  script "/etc/keepalived/check_haproxy.sh"
  interval 2
  weight 2
}

vrrp_instance haproxy_HA {
   state MASTER                                // 定义为主 Haproxy 服务器角色
   interface ens33                             // 绑定网卡端口
   virtual_router_id 51
   priority 100
   advert_int 1
   authentication {
      auth_type PASS
      auth_pass 1111
   }

   virtual_ipaddress {
      192.168.1.200                            //VIP 地址
   }
   track_script{
   check_haproxy
}
}
```

添加 Haproxy 检测脚本：

```
[root@haproxy ~]# vi /etc/keepalived/check_haproxy.sh
```

加入下面的内容：

```
#!/bin/bash
A=`ps -C haproxy --no-header | wc -l`
if [ $A -eq 0 ];then
/usr/local/haproxy/sbin/haproxy -f /etc/haproxy/haproxy.cfg
echo “haproxy start”
sleep 3
if [ `ps -C haproxy --no-header | wc -l`-eq 0 ];then
/usr/bin/systemctl stop keepalived
echo "keepalived stop"
fi
fi
[root@haproxy ~]# chmod 755 /etc/keepalived/check_haproxy.sh
```

（2）配置备份 Haproxy 服务器

备份 Haproxy 服务器上的 Keepalived 配置与主 Haproxy 服务器类似，只需要将配置文件 keepalived.conf 中的 state 改为 BACKUP 状态，priority 值修改小即可，比如修改为 80。

这里只给出不同部分的设置。

```
[root@haproxy-s ~]# vi /etc/keepalived/keepalived.conf
…
vrrp_instance haproxy_HA {
  state BACKUP                    // 定义为主 Haproxy 服务器角色
  interface ens33
  virtual_router_id 51
  priority 80                     // 优先级需要比 MASTER 的优先级小
  advert_int 1
  authentication {
    auth_type PASS
    auth_pass 1111
  }
…
```

添加备份 Haproxy 服务器的检测脚本。

```
[root@haproxy-s ~]# vi /etc/keepalived/check_haproxy.sh
```

加入下面的内容：

```
#!/bin/bash
A=`ip a | grep 10.2.32.201 | wc -l`
B=`ps -ef | grep haproxy | grep -v grep| awk '{print $2}'`
if [ $A -gt 0 ];then
```

```
/usr/local/haproxy/sbin/haproxy -f/usr/local/haproxy/conf/haproxy.cfg
else
kill -9 $B
fi
[root@haproxy-s ~]# chmod 755 /etc/keepalived/check_haproxy.sh
```

完成所有配置后先主后从分别启动 Keepalived 服务，此时 VIP 地址会运行在主 Haproxy 服务器上。

```
[root@haproxy ~]# ip addr |grep 192.168.1.200
inet 192.168.1.200/32 scope global ens33
```

此时客户端需要使用 VIP 地址访问 Web 群集，例如访问 test.html 测试页面，需使用 http://192.168.1.200/test.html 访问，如图 12.15 所示。Web 页面会在刷新时进行切换。

当主 Haproxy 服务器出现故障，VIP 地址会自动转移到备份 Haproxy 服务器上，保证 Haproxy 服务的高可用性。

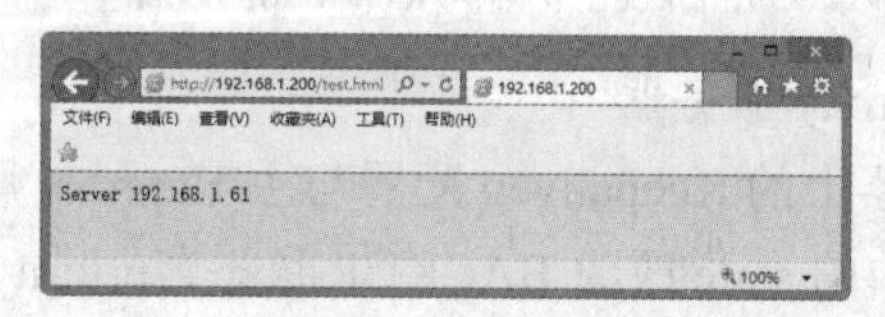

图 12.15　使用 VIP 地址访问 Web

如关闭主 Haproxy 服务器的 Keepalived 服务，备份 Haproxy 服务器获取 VIP 地址继续向外提供服务。

```
[root@haproxy-s ~]# ip addr |grep 192.168.1.200
inet 192.168.1.200/32 scope global ens33
```

如果之前没有启动 Haproxy 服务，启动 Keepalived 服务的同时会根据检测脚本自动启动 Haproxy 服务。

本章总结

- Haproxy 是目前比较流行的一种群集调度工具，与同类群集调度工具 LVS 和 Nginx 相比，LVS 性能最好，但是搭建相对复杂，Nginx 的 upstream 模块支持群集功能，但是性能没有 Haproxy 好。
- LVS、Haproxy、Nginx 最常用的调度算法有三种，分别是轮询调度（RR）、最小连接数算法（LC）、基于来源访问调度算法（SH）。其中，最小连接数算法是目前用得比较多的一种算法。
- 为了更好地管理 Haproxy 的日志，在生产环境中一般单独定义出来，将 Haproxy 相关的配置独立定义到 haproxy.conf，并放到 /etc/rsyslog.d/ 下。
- 生产环境中需要对 Haproxy 进行参数优化，以满足实际生产的要求。

- Haproxy 使用用户 IP 识别或者 cookie 识别来解决群集 session 共享问题。
- Haproxy 自带的 Web 监控平台可以有效监控和管理群集状态。
- Haproxy 中可以定义 ACL 规则实现对不同请求的智能负载均衡。
- 为了防止 Haproxy 服务器出现单点故障问题，生产环境中一般会使用 Keepalived 软件实现 Haproxy 服务的高可用。

本章作业

1. 描述负载均衡常用的几种调度算法。
2. 使用 Haproxy 搭建负载均衡群集时，如果开启防火墙，需要如何配置防火墙规则？

随手笔记